高职高专电子信息类专业"十二五"规划系列教材

Photoshop 图像处理项目教程

主　编　尚　存　马　力

副主编　李高峰　沈建国　芦　娟

　　　　王晓锋　杨　乐

主　审　邬长安

U0362829

华中科技大学出版社

中国·武汉

内 容 提 要

全书深入浅出地介绍了计算机图像处理软件 Photoshop 在图像后期处理上的基础知识和基本操作技能,吸收了当前图像处理的最新成果。本书以实用为原则,以基础知识够用为度,重点进行操作技能的训练。

本书具有很强的实用性,采用了理论联系实际的项目驱动教学方法,结合项目进行基本知识、基本操作和操作技巧的介绍。

本书可以作为计算机、环境艺术设计、园林设计及城镇规划等专业的相关教材,可以作为图形图像制作爱好者的自学用书,也可以作为成人教育计算机辅助设计及相关专业教材,也可以供从事相关领域工作的人员阅读参考。

图书在版编目(CIP)数据

Photoshop 图像处理项目教程/尚存,马力主编. —武汉:华中科技大学出版社,2014.6
ISBN 978-7-5680-0152-6

Ⅰ.①P…　Ⅱ.①尚…　②马…　Ⅲ.①图像处理软件-高等职业教育-教材　Ⅳ.①TP391.41

中国版本图书馆 CIP 数据核字(2014)第 118714 号

Photoshop 图像处理项目教程　　　　　　　　　　　　　尚　存　马　力　主编

策划编辑:谢燕群　朱建丽
责任编辑:朱建丽
封面设计:范翠璇
责任校对:张会军
责任监印:周治超
出版发行:华中科技大学出版社(中国·武汉)
　　　　　武昌喻家山　　邮编:430074　　电话:(027)81321915
录　　排:武汉金睿泰广告有限公司
印　　刷:湖北新华印务有限公司
开　　本:710mm×1000mm　1/16
印　　张:9
字　　数:181 千字
版　　次:2014 年 9 月第 1 版第 1 次印刷
定　　价:49.80 元

高职高专电子信息类专业"十二五"规划系列教材

编 委 会

前　言

由 Adobe 公司推出的 Photoshop 软件是目前采用最广泛的图像处理和编辑软件，也是标准的图像编辑工具。Photoshop 界面直观且赋有人性化，操作简单实用，具有较强的灵活性。其处理的景观效果图能够更加真实地刻画出各景观要素的色彩、质感，能够营造出极其真实的环境，还能进行精细的修改，并能通过计算机运算来进行各种复杂的后期加工，取得了人工设计所无法比拟的巨大效益。因此，其在工程设计后期处理中具有画龙点睛的效果。

本书共分 7 个项目，项目一主要介绍了图像处理基础知识和软件 Photoshop 操作基础和操作环境，项目二主要介绍了选区的应用，项目三主要介绍了图像编辑和应用图层的使用，项目四主要介绍了通道和蒙版的应用，项目五主要介绍了滤镜的应用，项目六主要介绍了人文景观的设计与处理，项目七主要介绍了空间设计效果图后期处理与制作。

本书由信阳农林学院尚存、武汉软件工程职业学院马力任主编。副主编有长沙商贸旅游职业技术学院李高峰、无锡商业职业技术学院沈建国、武汉软件工程职业学院芦娟、咸宁职业技术学院王晓锋、咸宁职业技术学院杨乐。其中，项目一由尚存编写，项目七由马力编写，项目二由李高峰编写，项目三由芦娟编写，项目四由王晓锋编写，项目五由杨乐编写，项目六由沈建国编写。

本书可以作为计算机、环境艺术设计、园林设计及城镇规划等专业的相关教材，可以作为图形图像制作爱好者的自学用书，也可以作为成人教育计算机辅助设计及相关专业教材，也可以供从事相关领域工作的人员阅读参考。

作者水平所限，书中不足之处在所难免，望读者批评指正。

编　者
2014 年 3 月

目　　录

项目一　Photoshop必备知识 1

  ➤ 任务一　图像的类型 1

  ➤ 任务二　图像的分辨率 3

  ➤ 任务三　常见的图像文件格式 4

  ➤ 任务四　色彩模式 7

  ➤ 任务五　Photoshop 工作环境及界面 9

  ➤ 任务六　Photoshop CS5 新增与改进功能 14

项目二　选区的应用 20

  ➤ 任务一　卡通拼图的制作 20

  ➤ 任务二　宝贝相册的制作 27

项目三　使用图像编辑与应用图层 33

  ➤ 任务一　小猪的制作（常用工具应用） 33

  ➤ 任务二　白天鹅戏水的制作 38

  ➤ 任务三　美化照片 41

项目四　通道和蒙版的应用 44

  ➤ 任务一　戏剧化色彩图像的处理 44

  ➤ 任务二　时尚杂志封面的制作 47

  ➤ 任务三　合成图像的制作 49

项目五　滤镜的应用 57

　➢　任务一　火焰效果背景的制作 57

　➢　任务二　线性纹理的制作 60

　➢　任务三　"X"字体的制作 63

　➢　任务四　人体发射光线的制作 66

项目六　人文景观的设计与处理 72

　➢　任务一　人文景观图像的常见处理方法 72

　➢　任务二　江南水乡景观的处理与设计 83

项目七　空间设计效果图后期处理与制作 111

　➢　任务一　写字楼建筑外观效果图的后期处理 111

　➢　任务二　中式餐厅效果图的后期处理 120

参考文献 138

项目一

Photoshop 必备知识

内容导航

在运用 Photoshop 进行图像处理之前，我们必须了解一些关于图形图像方面的专业术语及基本知识。本项目所介绍的基本知识都是作为图像后期处理所要掌握的基本知识。只有通过学习，才能更好地应用 Photoshop 软件优越的功能进行创意、设计。

学习要点

➡ 图像的类型
➡ 图像的分辨率
➡ 常见的图像文件格式
➡ 色彩模式

➢ 任务一　图像的类型

在计算机中，图像是以数字方式来记录、处理和保存的。所以，图像也称为数字化图像。图像类型大致可以分为位图与矢量图两种。这两种类型的图像各有特点，认识它们的特色和差异，有助于创建、编辑和应用数字图像。在处理时，通常将这两种图像交叉运用，下面分别介绍位图和矢量图的特点。

1. 位图

位图是由许多大小方格状的不同色块组成的图像，其中每一个小色块称为像素，而每个色块都有一个明确的颜色。由于一般位图的像素点都非常多而且小，因此看起来仍然是细腻的图像。当放大位图时，组成它的像素点也同时成比例放大，放大到一定倍数后，图像的显示效果就会变得越来越不清晰，从而出现类似马赛克的效果，如图 1-1 和图 1-2 所示。

图 1-1　原始位图　　　　　　　　图 1-2　位图局部放大的显示效果

§ 小贴士

(1) Photoshop 通常处理的都是位图。Photoshop 处理图像时，像素的数目和密度越高，图像就越逼真。

(2) 鉴别位图最简单的方法就是将显示比例放大，如果放大的过程中产生了锯齿，那么该图像就是位图。

(3) 位图的优点在于表现颜色的细微层次，如照片的颜色层次，其处理较简单和方便。其缺点在于不能任意放大显示，否则会出现锯齿边缘或类似马赛克的效果。

2. 矢量图

矢量图也称为向量图，其实质是以数字方式来描述线条和曲线，其基本组成单位是锚点和路径。矢量图可以随意地放大或缩小，而不会使图像失真或遗漏图像的细节，也不会影响图像的清晰度。但矢量图不能描绘丰富的色调或表现较多的图像细节。

矢量图适合于以线条为主的图案和文字标志设计、工艺美术设计等领域。另外，矢量图与分辨率无关，无论放大和缩小多少倍，图像都有一样平滑的边缘和清晰的视觉效果，即不会出现失真现象。将图像放大后，可以看到图像依然很精细，并没有因为显示比例的改变而变得粗糙，如图 1-3 和图 1-4 所示。

图 1-3　原始矢量图　　　　　　　图 1-4　矢量图局部放大后的显示效果

§ 小贴士

(1) 典型的矢量图设计软件有 Illustrator、CorelDRAW、FreeHand、AutoCAD 等。

(2) 矢量图与位图的区别：位图所编辑的对象是像素，而矢量图编辑的对象是记录颜色、形状、位置等属性的物体，矢量图善于表现清晰的轮廓，它是文字和线条图形的最佳选择。

➤ 任务二 图像的分辨率

1. 像素

像素是组成图像的基本单元。每一个像素都有自己的位置，并记录着图像的颜色信息。一个图像包含的像素越多，颜色信息就越丰富，图像效果也就越好。一幅图像通常由许多像素组成，这些像素排列成行和列。当使用放大工具将图像放到足够大的倍数时，就可以看到类似马赛克的效果，如图 1-5 和图 1-6 所示。

图 1-5　原始图像　　　　　图 1-6　图像放大后的马赛克效果图

2. 分辨率

分辨率是单位长度内的点、像素数目。分辨率的高低直接影响位图的效果。分辨率太低会导致图像模糊、粗糙。通常以"像素 / 英寸"（pixel/inch）来表示，简称 ppi。例如，72 ppi 表示每英寸包含 72 个像素点，300 ppi 表示每英寸包含 300 个像素点。分辨率也可以描述为组成一帧图像的像素个数。例如，800×600 的图像分辨率表示该图像由 600 行、每行 800 个像素组成。它既反映了该图像的精细程度，又给出了该图像的大小。

通常情况下，分辨率越高，包含的像素数目就越多，图像也就越清晰。图 1-7 至图 1-9 为相同打印尺寸但不同分辨率的三个图像，可以看到，分辨率低的图像比较模糊，分辨率高的图像相对清晰。

图 1-7　分辨率为 72 ppi　　　图 1-8　分辨率为 150 ppi　　　图 1-9　分辨率为 350 ppi
　　　　的图像　　　　　　　　　　　　的图像　　　　　　　　　　　　的图像

3. 像素与分辨率的关系

像素与分辨率的组合方式决定了图像的数据量。例如，1 英寸 ×1 英寸的两个图像，分辨率为 72 ppi 的图像包含 5184 个像素，而分辨率为 300 ppi 的图像则包含 90000 个像素。打印时，分辨率高的图像比分辨率低的图像包含更多的像素。

§ 小贴士

分辨率的高低直接影响图像的效果，分辨率太低，导致图像粗糙，打印输出时图像模糊，使用较高的分辨率会增大图像文件的大小，并且降低图像的打印速度，只有根据图像的用途设置合适的分辨率才能取得最佳的使用效果。现列举一些常用的图像分辨率作为参考标准。

(1) 图像用于屏幕显示或者网络，分辨率为 72 ppi。

(2) 图像用于喷墨打印机打印，分辨率通常为 100~150 ppi。

(3) 图像用于印刷，分辨率为 300 ppi。

➢ 任务三　常见的图像文件格式

图像的格式即图像存储的方式，它决定了图像在存储时所能保留的文件信息及文件特征。当使用"文件"→"存储"命令或"存储为"命令保存图像时，可以在打开的对话框中选择文件的保存格式，在选择了一种图像格式后，对话框下方的"存储选项"选项组中的选项内容均会发生相应的变化，如图 1-10 和图 1-11

所示。

图 1-10　选择格式

图 1-11　选择格式后存储选项的变化

1..PSD 格式

.PSD 是 Photoshop 中使用的一种标准图像文件格式，是唯一能支持全部图像色彩模式的格式。以 .PSD 格式保存的文件能够将不同的物体以层的方式来分离保存，便于修改和制作各种特殊效果。以 .PSD 格式保存的图像可以包含图层、通道及色彩模式。

以 .PSD 格式保存的图像通常含有较多的数据信息，可随时进行编辑和修改，是一种无损失的存储格式。以扩展名 .PSD 或 .PDD 为文件保存的图像没有经过压缩，特别是当图层较多时，会占用很大的硬盘空间。若需要把带有图层的 .PSD 格式的图像转换成其他格式的图像，需要先将图层合并，然后再进行转换；对于尚未编辑完成的图像，选用 .PSD 格式保存是最佳的选择。.PSD 图标的显示状态如表 1-1 所示。

表 1-1　.PSD 图标

格　　式	图　　标
.PSD 格式	照片 617 Adobe Photoshop

2..JPEG 和 .BMP 格式

.JPEG 格式文件存储空间小，主要用于图像预览及超文本文档，如 HTML 文档等。使用 .JPEG 格式保存的图像经过高倍率的压缩，可使图像文件变得较小，但会丢失部分不易察觉的数据，其保存后的图像没有原图像质量好。因此，在印刷时不宜使用这种格式。

.BMP 格式是一种标准的位图文件格式，使用非常广。由于 .BMP 格式是 Windows 中图形图像数据的一种标准，因此在 Windows 环境中运行的图形图像软件都支持 .BMP 格式。文件以 .BMP 格式存储时，可以节省空间而不会破坏图像的任何细节，唯一的缺点就是存储及打开时的速度较慢。.JPEG 和 .BMP 图标的显示状态如表 1-2 所示。

表 1-2   .JPEG 和 .BMP 图标

格　　式	图　　标
.JPEG 格式	照片 283 3872 x 2592 JPEG 图像
.BMP 格式	无标题 717 x 185 BMP 图像

§ 小贴士

若图像文件不用于其他用途，只用于预览、欣赏，或为了方便携带，存储在 U 盘上，可将其保存为 .JPEG 格式。

3..TIFF 和 .EPS 格式

在平面设计领域中，.TIFF 格式为最常用的图像文件格式，它是一种灵活的位图格式，文件扩展名为 .tif 或 .tiff，几乎所有的图像编辑和排版类程序都支持这种文件格式。

.TIFF 格式支持 RGB、CMYK、Lab、索引颜色、位图模式和灰度的色彩模式。

.EPS 格式主要用于绘图或排版，是一种 PostScript 格式，其优点在于在排版软件中以较低分辨率预览，将插入文件进行编辑排版，在打印或输出胶片时以高分辨率输出，做到工作效率和输出质量兼顾。.TIFF 和 .EPS 图标的显示状态如表 1-3 所示。

表 1-3   .TIFF 和 .EPS 图标

格　　式	图　　标
.TIFF 格式	表1-3 图 913 x 476 TIF 文件
.EPS 格式	表1-3 图2 EPS 文件

➤ 任务四 色彩模式

    Photoshop 中可以自由转换图像的各种色彩模式。由于不同的色彩模式所包含的颜色范围不同，以及其特性存在差异，在转换中会存在一些数据丢失的情况。因此在进行模式转换时，按需处理图像色彩模式，以获得高品质的图像。不同的色彩模式对颜色的表现能力可能会有很大的差异，如图 1-12 和图 1-13 所示。

图 1-12 RGB 模式下的效果图　　　图 1-13 CMYK 模式下的效果图

1. RGB 模式

    RGB 模式是 Photoshop 默认的颜色模式，也是最常用的模式之一，这种模式以三原色红（R）、绿（G）、蓝（B）为基础，通过对红、绿、蓝的各种值进行组合来改变像素的颜色。当 R、G、B 色彩数值均为 0 时，图像为黑色；当 R、G、B 色彩数值均为 255 时，图像为白色；当 R、G、B 色彩数值相等时，图像为灰色。无论是扫描输入的图像，还是绘制的图像，都是以 RGB 模式存储的。RGB 模式下处理图像比较方便，且以 RGB 模式存储的图像文件比以 CMYK 模式存储的图像文件要小得多，可以节省内存和存储空间。在 Photoshop 中处理图像时，通常将颜色模式设置为 RGB 模式，只有在这种模式下，图像没有任何编辑限制，可以做任何的调整，如图 1-14 所示。

图 1-14 以 RGB 模式存储的图像

2. CMYK 模式

CMYK 模式是一种印刷模式。因为该模式是以青色（C）、洋红色（M）、黄色（Y）、黑色（B）四种油墨色为基本色。它表现的是白光照射在物体上，经过物体吸收一部分颜色后，反射而产生的色彩，又称为减色模式。

CMYK 模式被广泛应用于印刷和制版行业，每一种颜色的取值范围都被分配一个百分比值，百分比值越低，颜色越浅，百分比值越高，颜色越深。

3. 灰度模式

使用灰度模式保存图像，意味着一幅彩色图像中的所有色彩信息都会丢失，该图像将成为一个由介于黑色、白色之间的 256 级灰度颜色所组成的图像。在该模式中，图像中所有像素的亮度值变化范围都为 0 ～ 255。0 表示灰度最弱的颜色，即黑色；255 表示灰度最强的颜色，即白色。其他的值是指黑色渐变至白色的中间过渡的灰色。在灰度模式中，图像的色彩饱和度为 0，亮度是唯一能够影响灰度模式图像的选项。灰度模式的图像效果如图 1-15 所示。

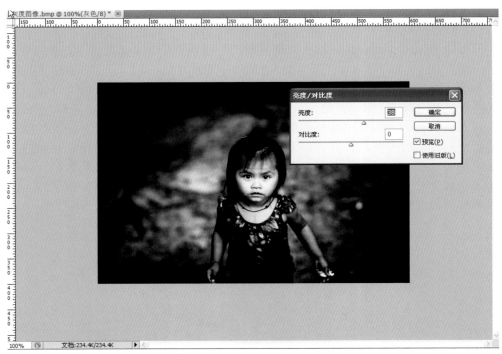

图 1-15　灰度模式的图像效果

➢ 任务五 Photoshop 工作环境及界面

安装了 Photoshop CS5 中文版后，系统会自动在 Windows 的程序菜单中建立一个图标"Adobe Photoshop CS5"，选择菜单命令"开始"→"程序"→"Adobe Photoshop CS5"，可启动 Photoshop CS5 程序并进入其主操作界面，如图 1-16 所示。其操作界面由应用程序栏、菜单栏、工具选项栏、选项卡、工具箱、图像窗口、状态栏和浮动面板等组成。

图 1-16 Photoshop CS5 主操作界面

1. Photoshop CS5 界面概述

1) 应用程序栏

在应用程序栏中，单击 按钮可启动 Adobe Bridge 程序，可对图像进行查看，单击 按钮显示或者隐藏参考线、网格和标尺。

2) 菜单栏

菜单栏位于应用程序栏下方，提供了进行图像处理所需的菜单命令，共11 个菜单，分别是"文件"、"编辑"、"图像"、"图层"、"选择"、"滤镜"、"分析"、"3D"、"视图"、"窗口"和"帮助"。在 Photoshop CS5 菜单栏中，"3D"菜单中的命令可对 3D 对象进行合并、创建和编辑，创建 3D 纹理，以及组合 3D 对象和 2D 对象。

3) 工具选项栏

在工具选项栏中，可以对当前选中的工具进行设置。选择不同的工具，在选项栏中就会显示相应工具的选项，可以设置关于该工具的各种属性，以产生不同的效果。

4) 工具箱

在工具箱中，可以在各个工具之间进行切换，从而对图像进行编辑。如图 1-17 所示，其中包括 50 多种工具。这 50 多种工具又分成若干组排列在工具箱中，使用这些工具可对图像进行选择、绘制、取样、编辑、移动和查看等操作，单击工具图标或通过快捷键就可以使用这些工具。

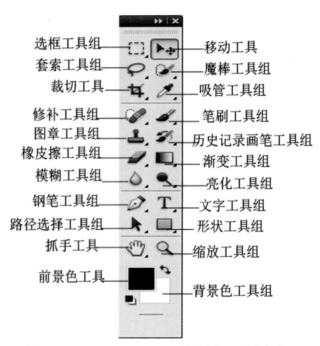

选框工具组　　　　　　　移动工具
套索工具组　　　　　　　魔棒工具组
裁切工具　　　　　　　　吸管工具组
修补工具组　　　　　　　笔刷工具组
图章工具组　　　　　　　历史记录画笔工具组
橡皮擦工具组　　　　　　渐变工具组
模糊工具组　　　　　　　亮化工具组
钢笔工具组　　　　　　　文字工具组
路径选择工具组　　　　　形状工具组
抓手工具　　　　　　　　缩放工具组
前景色工具
　　　　　　　　　　　　背景色工具组

图 1-17　Photoshop CS5 工具箱中各工具的名称

5) 状态栏

状态栏位于工作窗口的最底端，用于显示当前图像显示比例和文档大小。

6) 选项卡

选项卡是 Photoshop CS5 中新增的功能，可以通过切换选项卡来查看不同的图像。

7) 浮动面板

浮动面板也称为面板，是 Photoshop 工作界面中非常重要的一个组成部分，也是在进行图像处理时实现选择颜色、编辑图层、新建通道、编辑路径和撤销编辑操作的主要功能面板。面板的最大优点是单击面板右上角的██◀◀按钮，可以将面板折叠为图标状，把空间留给图像，如图 1-18 和图 1-19 所示。

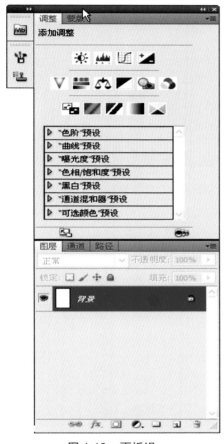

图 1-18　面板组

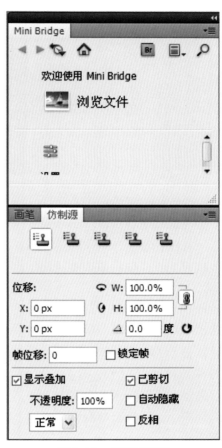

图 1-19　折叠面板组

§ 小贴士

按下"Shift+Tab"键可以在保留显示"工具箱"的同时显示或隐藏所有面板，如图 1-20 所示。

图 1-20　按下"Shift+Tab"键使用后的图像效果

8) 工作区切换器

工作区切换器是 Photoshop CS5 中最具人性化的设置。在切换器中，使用者可以通过工作环境的不同来选择不同的工作区模式，也可以设置自己喜欢的工作界面。

9) 图像窗口

图像窗口是用于对图像进行查看的平台。

2. 显示 / 隐藏所有面板

1) 快速显示 / 隐藏面板步骤

启动 Photoshop CS5 程序，打开图像，如图 1-21 所示，按 Tab 键，即可隐藏所有面板。在面板全部隐藏后，再按 Tab 键则可恢复到隐藏面板之前的界面状态，如图 1-22 所示。

2) 自动显示隐藏面板步骤

使用"编辑"→"首选项"→"界面"命令，打开"首选项"，在"界面"中勾选"自动显示隐藏面板"，如图 1-23 所示，然后单击"确定"按钮。将鼠标指针移动到应用程序窗口边缘，单击出现的条带即可显示面板。

图 1-21　隐藏所有面板

图 1-22　显示所有面板

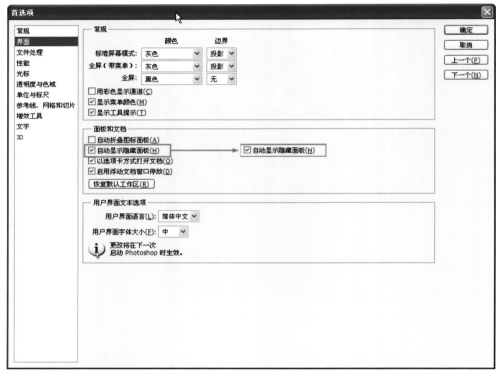

图 1-23　勾选 "自动显示隐藏面板"

➤ 任务六　Photoshop CS5 新增与改进功能

Photoshop CS5 采用了全新的选择技术，能精确地遮盖和检测最容易出错的图像边缘，使复杂图像的选择变得更加容易。新增的内容识别填充可以填补丢失的像素，此外图像润饰和逼真的绘图功能，以及三维应用全面简化，使操作更为方面和快捷。

1. 内容识别填充

Photoshop CS5 新增的内容识别填充可以自动从选区周围的图像上取样，然后填充选区，使用 "编辑"→"填充"→"内容识别" 命令，像素和周围的像素相互融合，如图 1-24 所示。

图 1-24   内容识别填充前后的图像

2. 选择复杂图像

对于复杂图像，只需轻松点击鼠标，就能选择一个图像的指定区域，调整边缘进行快速构图。使用新增的细化工具可以改变选区边缘、改进蒙版。选择完成以后可直接将选取范围输出为蒙版、新文档、新图层等项目。如图 1-25 所示，只需要三个步骤：第一步，使用"工具箱"→"快速选择工具"命令；第二步，使用"快速选择工具"→"调整边缘"命令；第三步，使用"调整边缘"→"边缘检测"→"调整边缘"→"输出"命令。

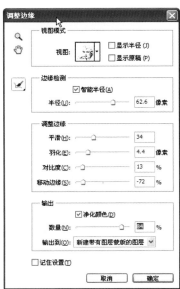

图 1-25   使用调整边缘调整图像

3. 图像操控变形

启用操控变形功能,类似于中国皮影戏中的皮影操作动作。使用"编辑"→"操控变形"命令,在图像上添加关键节点后,就可以对图像进行变形,图 1-26 所示为大象象牙变形前后的图像。

图 1-26　使用操控变形调整前后的图像

4. 自动镜头校正

"自动镜头校正"滤镜,以及"文件"菜单中的新增功能的"镜头校正"可以查找图片的数据,如图 1-27 和图 1-28 所示。Photoshop 会根据用户使用的相机和镜头类型对色差和晕影等数据做出精确调整。

图 1-27　使用自动镜头校正前的原始图像

图 1-28　使用自动镜头校正后的图像

5. HDR 摄影升级

Photoshop CS5 对摄影方面的支持主要体现在图像细节处理上，对于许多细节上的问题，如高感光上出现的噪点，Photoshop CS5 能够进行有效的遏制。HDR Pro 工具可以合成包围曝光的照片，创建写实或者超现实的 HDR 图像。使用"图像"→"调整"→"HDR 色调"命令，则会出现如图 1-29 所示的图像。

图 1-29　HDR 色调处理前后的图像

6. 强大的绘图效果

Photoshop CS5 可以借助混合器笔刷和毛尖笔刷创建逼真、带纹理的笔触，也可以将照片轻松地转变为绘画效果或者为其创建独特的艺术效果，还可以通过画笔选项修改画笔的形态，并同时改变绘画效果，使用"滤镜"→"艺术效果"→"绘画涂抹"命令，其处理前后的图像如图 1-30 所示。

图 1-30　实现绘图效果处理前后的图像

7. 增强对 3D 对象的制作功能

使用新增的"3D 凸纹"功能，可以将文字、路径及所选对象作为 3D 对象，其处理前后的图像如图 1-31 所示。

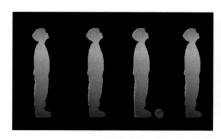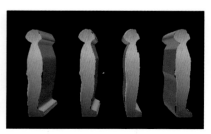

图 1-31　实现 3D 凸纹功能处理前后的图像

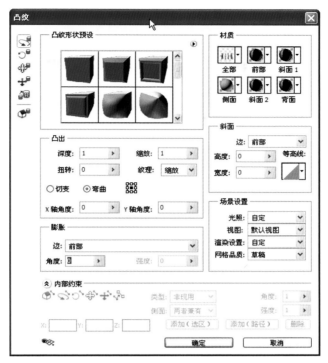

续图 1-31 实现 3D 凸纹功能处理前后的图像

8. 更出色的媒体管理

使用"Mini Bridge"面板能够在工作环境中访问资源，如图 1-32 所示。

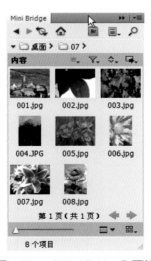

图 1-32 "Mini Bridge"面板

项目二

选区的应用

内容导航

本项目运用 Photoshop 选区工具对图像进行选取，主要讲解用 Photoshop 椭圆选框工具、多边形套索工具、磁性套索工具、魔棒工具等对图像进行处理。

学习要点

➡ 椭圆选框工具

➡ 矩形选框工具

➡ 多边形套索工具

➡ 磁性套索工具

➡ 魔棒工具

➡ 图层样式

➡ 文字

➡ 变形文字

➤ 任务一　卡通拼图的制作

📖 任务认知

完成如图 2-1 所示的效果图。

图 2-1　卡通拼图效果图

技能剖析

此任务采用魔术棒、缩放、文字、变形文字、拷贝、粘贴、图层等技能。

任务完成

(1) 使用"文件"→"打开"命令，打开"背景 .jpg"文件，如图 2-2 所示。
(2) 使用"文件"→"打开"命令，打开"树 .jpg"文件，如图 2-3 所示。

图 2-2　背景 .jpg 文件

图 2-3　树 .jpg 文件

　　(3) 使用"魔棒工具"，在空白的地方单击鼠标左键，选中背景中的白色区域，如图 2-4 所示，然后使用"选择"→"反向"命令选中树，如图 2-5 所示。

图 2-4　选中白色背景区域　　　　　　图 2-5　选中树

（4）使用"移动工具"将选中的树移动到"背景 .jpg"文件中，如图 2-6 所示。

（5）选中树，使用"编辑"→"变换"→"缩放"命令，将树缩放到适当大小，并调整好位置，如图 2-7 所示。

图 2-6　树移动到"背景 .jpg"文件中　　　　图 2-7　缩放后的树

（6）使用"文件"→"打开"命令，打开"人 .jpg"文件，如图 2-8 所示。

图 2-8　人 .jpg 文件

(7) 使用"魔棒工具",在空白的地方单击鼠标左键,选中背景中的白色区域,接着使用"选择"→"反向"命令选择人和小兔子,然后使用"移动工具"将选中的人和小兔子移动到"背景.jpg"文件中,最后使用"编辑"→"变换"→"缩放"命令,将人和小兔子缩放到适当大小,并调整好位置,如图2-9所示。

(8) 使用"文件"→"打开"命令,打开"小鸟.jpg"文件,如图2-10所示。

图 2-9　调整后的人和小兔子

图 2-10　小鸟 .jpg 文件

(9) 使用"魔棒工具",在天蓝色的地方单击鼠标左键,选中背景中的天蓝色区域,接着使用"选择"→"反向"命令,选择小鸟,然后使用"移动工具"将选中的小鸟移动到"背景.jpg"文件中,并调整好位置,如图2-11所示。

(10) 选中小鸟,使用"编辑"→"拷贝"命令,复制一只小鸟,然后使用"编辑"→"粘贴"命令,将复制的小鸟调整好位置,如图2-12所示。

图 2-11　调整小鸟后的效果图

图 2-12　复制小鸟后的效果图

(11) 使用"横排文字工具",在文件中单击鼠标左键,新建一文本图层,设置字体系列为"微软雅黑",设置字体大小为"80 点",设置文本颜色为"#127b0a",输入"浪漫春季"四个字,如图2-13所示。

图 2-13　设置文字格式

(12) 选中文字，使用"横排文字工具"中的"创建文字变形"命令，打开"变形文字"对话框，将文字的"样式"设置为"鱼形"，如图 2-14 所示。

图 2-14　创建"变形文字"对话框及完成效果图

(13) 选中文字，使用"编辑"→"拷贝"命令，复制文字，然后使用"编辑"→"粘贴"命令，将复制的文字设置为黑色，并调整好位置，做出文字阴影效果，即得如图 2-1 所示的效果图。

(14) 最后执行"文件"→"存储为"命令，文件名为"卡通拼图 .psd"。

知识拓展

完成如图 2-15 所示的效果图。

图 2-15　青蛙王子效果图

(1) 使用"文件"→"打开"命令，打开"背景.jpg"文件，如图 2-16 所示。

(2) 使用"文件"→"打开"命令，打开"电视.jpg"文件，如图 2-17 所示。

图 2-16　背景.jpg 文件　　　　　图 2-17　　电视.jpg 文件

(3) 使用"魔棒工具"，在空白的地方单击鼠标左键，选中背景中的白色区域，接着使用"选择"→"反向"命令选择电视机，然后使用"移动工具"将选中的电视机移动到"背景.jpg"文件中，并调整好位置，如图 2-18 所示。

(4) 使用"矩形选框工具"，选中电视机内的画面，然后单击键盘上的"Delete"键，将电视机内的画面删除，如图 2-19 所示。

图 2-18　移动电视后的效果图　　　图 2-19　　删除电视机内画面后的效果图

(5) 使用"文件"→"打开"命令，打开"帅哥.jpg"文件，如图 2-20 所示。

(6) 使用"魔棒工具"，在空白的地方单击鼠标左键，选中背景中的白色区域，接着使用"选择"→"反向"命令选择帅哥，然后使用"移动工具"将选中的帅哥移动到"背景.jpg"文件中，并调整好位置，如图 2-21 所示。

图 2-20　帅哥 .jpg 文件　　　　图 2-21　移动帅哥后的效果图

(7) 将帅哥图层拖动到电视机图层的下面一层，并调整帅哥大小，如图 2-22 所示。

(8) 使用"文件"→"打开"命令，打开"青蛙 .jpg"文件，如图 2-23 所示。

图 2-22　调整帅哥后的效果图　　　　图 2-23　青蛙 .jpg 文件

(9) 选中青蛙后，将其移动到"背景 .jpg"文件中，调整后如图 2-24 所示。

(10) 使用"横排文字工具"，在文件中单击鼠标左键，新建一个文本图层，设置字体为"黑体"，设置字体大小为"70 点"，设置文本颜色为"#6a2a00"，输入"青蛙王子"，如图 2-25 所示。

图 2-24　调整青蛙后的效果图　　　　图 2-25　输入"青蛙王子"后的效果图

(11) 选中文字，使用"横排文字工具"中的"创建文字变形"命令，打开"变形文字"对话框，将文字的样式设置为"扇形"，即得如图 2-15 所示的效果图。

➢ 任务二　宝贝相册的制作

📝 任务认知

完成如图 2-26 所示的效果图。

图 2-26　宝贝相册效果图

📝 技能剖析

此任务采用椭圆选框工具、多边形套索工具、磁性套索工具、图层样式等技能。

📝 任务完成

(1) 使用"文件"→"打开"命令，打开"背景 .jpg"文件，如图 2-27 所示。
(2) 使用"文件"→"打开"命令，打开"小女孩 1.jpg"文件，如图 2-28 所示。

图 2-27　背景 .jpg 文件

图 2-28　小女孩 1.jpg 文件

(3) 使用"磁性套索工具"，设置选择模式为"新建选区"，设置频率为"80"，选中小女孩 1，如图 2-29 所示。

(4) 使用"磁性套索工具"，设置选择模式为"从选区减去"，将小女孩 1 头发与肩部间的背景去除，如图 2-30 所示。

图 2-29　用"磁性套索工具"选中小女孩 1　　图 2-30　减去选区后的效果图

(5) 使用"移动工具"将小女孩 1 移动到"背景 .jpg"文件中，调整好小女孩 1 的大小和位置，如图 2-31 所示。

(6) 使用"文件"→"打开"命令，打开"小女孩 2.jpg"文件，如图 2-32 所示。

图 2-31　移动小女孩 1 后的效果图　　　图 2-32　小女孩 2.jpg 文件

(7) 使用"椭圆选框工具"，选中小女孩 2 的头部，如图 2-33 所示。

(8) 单击鼠标右键，在弹出的快捷菜单中选择"羽化"命令，设置羽化半径为"5"像素，然后使用"移动工具"将小女孩 2 移动到"背景 .jpg"文件中，调整好大小和位置，如图 2-34 所示。

图 2-33 选中小女孩 2　　　　　图 2-34 移动小女孩 2 后的效果图

(9) 使用"文件"→"打开"命令，打开"小女孩 3.jpg"文件，使用"多边形套索工具"，选中小女孩 3 的头部，如图 2-35 所示。

(10) 单击鼠标右键，在弹出的快捷菜单中选择"羽化"命令，设置羽化半径为"5"像素，然后使用"移动工具"将小女孩 3 移动到"背景 .jpg"文件中，调整好大小和位置，如图 2-36 所示。

图 2-35 选中小女孩 3　　　　　图 2-36 移动小女孩 3 后的效果图

(11) 使用"文件"→"打开"命令，打开"小女孩 4.jpg"文件，使用"椭圆选框工具"，选中小女孩 4 的头部，如图 2-37 所示。

(12) 单击鼠标右键，在弹出的快捷菜单中选择"羽化"命令，设置羽化半径为"5"像素，然后使用"移动工具"将小女孩 4 移动到"背景 .jpg"文件中，调整好大小和位置，如图 2-38 所示。

图 2-37　选中小女孩 4　　　图 2-38　移动小女孩 4 后的效果图

　　(13) 使用"文件"→"打开"命令，打开"小女孩 5.jpg"文件，使用"多边形套索工具"，选中小女孩 5 的头部，如图 2-39 所示。

　　(14) 单击鼠标右键，在弹出的快捷菜单中选择"羽化"命令，设置羽化半径为"5"像素，然后使用"移动工具"将小女孩 5 移动到"背景 .jpg"文件中，调整好大小和位置，如图 2-40 所示。

图 2-39　选中小女孩 5　　　图 2-40　移动小女孩 5 后的效果图

　　(15) 为每一个小女孩图层设置图层样式，样式为"外发光"，发光颜色为"#ffffbe"，图素大小为"8"像素，即得如图 2-26 所示的效果图。

　　(16) 最后使用"文件"→"存储为"命令，文件名为"宝贝相册 .psd"。

📋 知识拓展

通过选区完成图像合成，如图 2-41 所示。

图 2-41　汽车大世界效果图

(1) 使用"文件"→"打开"命令，打开"背景 .jpg"文件，如图 2-42 所示。

(2) 使用"文件"→"打开"命令，打开"汽车 1.jpg"文件，然后使用"快速选择工具"，设置选取模式为"添加到选区"，选取大小为"30"像素的硬圆点，如图 2-43 所示。

图 2-42　背景 .jpg 文件

图 2-43　选中汽车 1

(3) 使用"多边形选择工具"，设置选择模式为"从选区减去"或"添加到选区"，对汽车 1 的选区进行进一步调整，如图 2-44 所示。

(4) 单击鼠标右键，在弹出的快捷菜单中选择"羽化"命令，设置羽化半径为"5"像素，使用"移动工具"，将汽车 1 移动到"背景 .jpg"文件中，如图 2-45 所示。

图 2-44　细化后的汽车 1 选区

图 2-45　移动汽车 1 后的效果图

(5) 重复第 (2)~(4) 步，完成汽车 2、汽车 3、汽车 4 的选择和移动。选区和完成图分别如图 2-46 至图 2-49 所示。

图 2-46　选中汽车 2

图 2-47　选中汽车 3

图 2-48　选中汽车 4

图 2-49　移动后的效果图

(6) 使用"横排文字工具"，在文件中单击鼠标左键，新建一个文本图层，输入"汽车大世界"，设置好字体及其大小，如图 2-50 所示。

(7) 选中文字，使用"横排文字工具"中的"创建文字变形"命令，打开"变形文字"对话框，将文字的样式设置为"拱形"，如图 2-51 所示。

图 2-50　输"汽车大世界"后的效果图

图 2-51　拱形文字

(8) 为汽车 1 图层及文字图层设置图层样式，样式为"投影"，距离为"15"像素，即得如图 2-41 所示的效果图。

(9) 执行"文件"→"存储为"命令，文件名为"汽车大世界 .psd"。

项目三

使用图像编辑与应用图层

内容导航

本项目运用 Photoshop 工具进行图像处理，主要讲解利用 Photoshop 变形工具、渐变工具、修饰工具等进行图像处理。

学习要点

➡ 常用绘图工具
➡ 复制命令
➡ 粘贴命令
➡ 渐变工具
➡ 变形工具
➡ 修饰工具
➡ 图层

➢ 任务一　小猪的制作（常用工具应用）

📖 任务认知

完成如图 3-1 所示的效果图。

图 3-1　小猪效果图

![icon] **技能剖析**

此任务采用直线工具、椭圆工具、渐变工具、填充工具、拷贝、粘贴、水平翻转等技能。

![icon] **任务完成**

(1) 使用 "文件" → "新建" 命令，新建一个 500×500 像素、分辨率为 72 ppi 的空白文档，选择工具箱中的 "渐变工具"，由左上至右下创建 3 种颜色的渐变，如图 3-2 所示。

(2) 使用 "椭圆工具" 绘制一个浅色的大圆作为小猪的头，如图 3-3 所示。

图 3-2　创建小猪的渐变背景

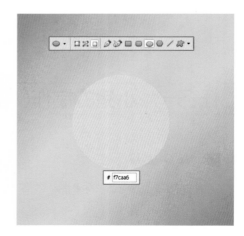

图 3-3　绘制小猪的头

(3) 使用"椭圆工具"绘制一个黑色的小圆，作为小猪的左眼，如图 3-4 所示。选中这个黑色的小圆，使用"编辑"→"拷贝"和"编辑"→"粘贴"命令，复制一个黑色的小圆，并调整好这个黑色的小圆的位置，作为小猪的右眼，如图 3-5 所示。

图 3-4 绘制小猪的左眼

图 3-5 绘制小猪的右眼

(4) 使用"椭圆工具"绘制一个棕色的椭圆，作为小猪的嘴巴，如图 3-6 所示。

图 3-6 绘制小猪的嘴巴

(5) 使用"椭圆工具"绘制一个黑色的小圆，作为小猪的左鼻孔，如图 3-7 所示。选中这个黑色的小圆，使用"编辑"→"拷贝"和"编辑"→"粘贴"命令，复制一个黑色的小圆，并调整好这个黑色的小圆的位置，作为小猪的右鼻孔，如图 3-8 所示。

图 3-7 绘制小猪的左鼻孔

图 3-8 绘制小猪的右鼻孔

(6) 使用"直线工具"绘制一个三角形，作为小猪的左耳，如图 3-9 所示。使用
"油漆桶工具"将三角形填充为黑色，如图 3-10 所示。

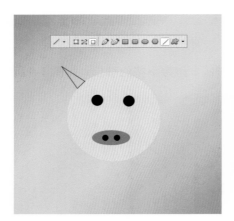

图 3-9 绘制小猪的左耳

图 3-10 为小猪的左耳填充颜色

(7) 选中小猪的左耳，使用"编辑"→"拷贝"和"编辑"→"粘贴"命令，
复制小猪的右耳，并使用"编辑"→"变换"→"水平翻转"命令，改变小猪耳
朵的方向，将其移动到适当的位置，即得如图 3-1 所示的效果图。

(8) 使用"文件"→"存储为"命令，文件名为"小猪 .psd"。

知识拓展

完成如图 3-11 所示的效果图。

图 3-11　表情制作效果图

(1) 使用"文件"→"新建"命令，新建一个 500×500 像素、分辨率为 72 ppi 的空白文档，选择工具箱中的"渐变工具"，由左上至右下创建 3 种颜色的渐变，如图 3-12 所示。

(2) 使用"椭圆工具"，绘制一个红色的圆作为脸部，如图 3-13 所示。

图 3-12　创建表情的渐变背景

图 3-13　绘制脸部

(3) 使用"椭圆工具"，绘制一个黑色的小圆作为左眼，如图 3-14 所示。

(4) 选中这个黑色的小圆，使用"编辑"→"拷贝"和"编辑"→"粘贴"命令，复制一个黑色的小圆，并调整好这个黑色的小圆的位置，作为表情的右眼，如图 3-15 所示。

图 3-14　绘制左眼

图 3-15　绘制右眼

(5) 使用"圆角矩形工具"，绘制嘴巴，即得如图 3-11 所示的效果图。

(6) 使用"文件"→"存储为"命令，文件名为"表情 .psd"。

➤ 任务二　白天鹅戏水的制作

任务认知

完成如图 3-16 所示的效果图。

图 3-16　白天鹅戏水效果图

技能剖析

此任务采用复制、粘贴、缩放、垂直翻转、图层、不透明度等技能。

任务完成

(1) 使用"文件"→"打开"命令，在弹出的"打开"对话框中选中素材文件夹内的"风景 .jpg"文件和"白天鹅 .psd"文件，单击"打开"按钮，如图 3-17 和图 3-18 所示。

图 3-17　风景 .jpg 文件

图 3-18　白天鹅 .psd 文件

(2) 选中"白天鹅 .psd"文件，使用"移动工具"，将白天鹅移动到"风景 .jpg"

图层中，如图 3-19 所示。

（3）如图 3-20 所示，选中白天鹅，使用"编辑"→"变换"→"缩放"命令，将白天鹅缩小到适当大小，并移动位置，如图 3-21 所示。

图 3-19　将白天鹅移动到"风景.jpg"　　　　图 3-20　缩放白天鹅后的效果图

（4）选中白天鹅，使用"编辑"→"拷贝"和"编辑"→"粘贴"命令，复制一只白天鹅，并使用"编辑"→"变换"→"垂直翻转"命令，调整白天鹅的位置，如图 3-22 所示。

图 3-21　移动白天鹅后的效果图　　　　　　图 3-22　制作白天鹅的倒影

（5）选中垂直翻转后的白天鹅，调整"图层面板"上"不透明度"的值，调整为 30%，如图 3-23 所示，调整"不透明度"后的效果图如图 3-24 所示。

图 3-23　设置图层的不透明度　　　　　　图 3-24　调整"不透明度"后的效果图

(6) 依据第 (2) 到第 (5) 步，制作更多白天鹅戏水，即可得到如图 3-16 所示的效果图。

(7) 最后使用 "文件" → "保存" 命令，保存最终效果图。

📝 知识拓展

完成如图 3-25 所示的效果图。

(1) 使用 "文件" → "打开" 命令，在弹出的 "打开" 对话框中选中素材文件夹内的 "大海 .jpg" 文件和 "飞鸟 .psd" 文件，单击 "打开" 按钮，如图 3-26 和图 3-27 所示。

图 3-25　飞鸟效果图

图 3-26　大海 .jpg

(2) 选中 "飞鸟 .psd" 文件，使用 "移动工具"，将飞鸟移动到 "大海 .jpg" 图层中，并使用 "编辑" → "变换" → "缩放" 命令，将飞鸟缩小到适当大小，调整好位置，如图 3-28 所示。

图 3-27　飞鸟 .psd

图 3-28　缩放飞鸟后的效果图

(3) 选中飞鸟，使用 "编辑" → "拷贝" 和 "编辑" → "粘贴" 命令，复制一只飞鸟，并使用 "编辑" → "变换" → "垂直翻转" 命令，调整飞鸟的位置，如图 3-29 所示。

(4) 选中垂直翻转后的飞鸟，调整 "图层面板" 上 "不透明度" 的值，调整为 35%，如图 3-30 所示。

图 3-29　垂直翻转飞鸟后的效果图　　　图 3-30　设置不透明度后的效果图

(5) 依据第 (2) 到第 (4) 步，制作更多飞鸟，即可得如图 3-25 所示的效果图。

(6) 使用"文件"→"保存"命令，保存最终效果图。

➤ 任务三　美化照片

📖 任务认知

完成如图 3-31 所示的效果图。

图 3-31　照片美化后的最终效果图

📖 技能剖析

此任务采用修补工具、图层等技能。

🎞 **任务完成**

(1) 使用"文件"→"打开"命令，打开素材文件夹内的"照片.jpg"文件，如图 3-32 所示。

(2) 使用"修补工具"，选择照片中多余的部分，如图 3-33 所示。

图 3-32　照片.jpg 文件　　　　图 3-33　使用"修补工具"选择多余区域

(3) 将选中的部分向右平移一段距离，如图 3-34 和图 3-35 所示。

图 3-34　平移一段距离　　　　　图 3-35　平移后的效果图

(4) 多次运用"修补工具"，将图片中的细节部分做进一步处理，即可得到如图 3-31 所示的效果图。

(5) 使用"文件"→"保存"命令，保存最终效果图。

🎞 **知识拓展**

利用修补工具进行图像的编辑，完成如图 3-36 所示的效果图。

图 3-36 利用修补工具后的最终效果图

(1) 使用"文件"→"打开"命令，打开素材文件夹内的"照片 1.jpg"文件，如图 3-37 所示。

(2) 使用"修补工具"，选择照片中多余的部分，向右平移一段距离，如图 3-38 所示。

图 3-37 照片 1.jpg

图 3-38 使用"修补工具"选择多余区域

(3) 多次运用"修补工具"，将图片中的细节部分做进一步处理，即可得到如图 3-36 所示的效果图。

(4) 使用"文件"→"保存"命令，保存最终效果图。

项目四

通道和蒙版的应用

内容导航

通道是 Photoshop 中除了图层和蒙版之外最重要的功能之一，它主要用于保存图像颜色信息及选区等。高难度图像的合成几乎都离不开通道的应用，本项目深入学习有关通道的知识内容、通道单色存储信息的原理。蒙版是将不同灰度值转化为不同的透明度，并作用到它所在的图层中，使图层不同部位透明度产生相应的变化，以便用于控制图像的显示和隐藏区域，这是进行图像合成的重要功能，本项目将用实例阐述蒙版在图像合成方面的功能与作用。

学习要点

➡ 利用通道调整图像的色彩关系

➡ 利用通道抠取毛发

➡ 创建图层蒙版并利用图层蒙版修改照片

➢ 任务一 戏剧化色彩图像的处理

📓 任务认知

此任务的目的是让读者掌握颜色通道的应用，完成如图 4-1 所示的效果图。

图 4-1　调整图片后的效果图

🎯 技能剖析

此任务采用通道等技能。

🎯 任务完成

(1) 在 Photoshop 中，打开原始图片，如图 4-2 所示。按"Ctrl+J"键复制背景图层，如图 4-3 所示。

图 4-2　调入原始图片　　　　　　图 4-3　复制背景图层

(2) 单击"通道"面板，选择蓝通道，如图 4-4 所示。

(3) 在"应用图像"面板中，图层设为"背景"，混合设为"正片叠底"，不透明度设为"47%"，"反相"前打钩，如图 4-5 所示。

(4) 回到"图层"面板，创建曲线调整图层，蓝通道为"44，182"，红通道为"89，108"，调整后的效果图如图 4-6 所示。

(5) 新建一个图层，填充黑色，图层混合模式设为"正片叠底"，不透明度设为"40%"，如图 4-7 所示。

图 4-4 选中蓝通道

图 4-5 图像调整

图 4-6 调整后的效果图

图 4-7 新建图层

选择"椭圆选框工具",选择中间部分,如图 4-8 所示。

图 4-8 椭圆选框选择

(6) 按"Ctrl+Alt+D"键对图像进行羽化,数值为 70,然后按两下"Delete"键进行删除,即可得到如图 4-1 所示的效果图。

(7) 使用"文件"→"保存"命令,保存最终效果图。

➤ 任务二 时尚杂志封面的制作

📚 任务认知

此任务的目的是让读者掌握通道抠图,在图 4-9 的基础上,达到如图 4-10 所示的效果图。

图 4-9 原始图片效果图 图 4-10 抠图、合成图像后的效果图

通道抠图是非常高效及常用的抠图方法。不过用通道抠图也有一定的要求,主体与背景的对比度要分明。

📚 技能剖析

此任务采用抠图技巧等技能。

📚 任务完成

我们操作之前需要明白一点,用通道抠图主要要抠出较为复杂的头发部分,其他部分可以用"钢笔工具"来完成,因为"钢笔工具"抠出的边缘要圆滑很多。首先进入"通道"面板,我们选择、复制头发与背景对比度较大的一个通道。然后用"调色工具"把背景调白,再反相。用黑色画笔擦掉除头发以外的部分即可得到头发的选区,后面只要把选区部分的头发复制到新的图层,再用钢笔勾出人物部分即可。如果要换背景,还需对人物稍加润色。

(1) 打开原图(如图 4-9 所示),按"Ctrl+J"键复制一个图层,如图 4-11 所示。

图 4-11 复制图层

(2) 打开通道面板,分别观察红通道、绿通道和蓝通道,如图 4-12 至图 4-14 所示。

(3) 选中黑白对比度最强的红通道,并复制红通道,如图 4-15 所示。

图 4-12　红通道

图 4-13　绿通道

图 4-14　蓝通道

图 4-15　复制红通道

(4) 在通道中使用"曲线"和"色阶"命令,调整图像的对比度,使黑色部分更黑、白色部分更白,这样就可以很方便地创建出所需要的选区,得到想要的图像部分,如图 4-16 和图 4-17 所示。调整后的效果图如图 4-18 所示。

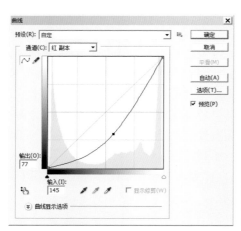

图 4-16　调整曲线

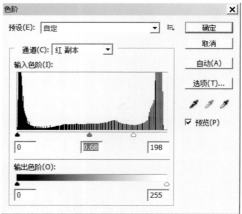

图 4-17　调整色阶

(5) 单击工具箱中的"画笔工具"按钮,设置"前景色"为"黑色",选择合适的笔触大小将人物部分涂成黑色，如图4-19所示。单击"蓝副本"通道，载入选区。

(6) 单击"RGB复合通道"，切换到"图层"面板，按"Ctrl+Shift+I"键反向选择选区，按"Ctrl+J"键复制选区中的内容到新的图层，隐藏"背景"图层，效果如图4-20所示。

图4-18 调整曲线和色阶后的效果图　　图4-19 涂抹图像后的效果　　图4-20 复制到新图层效果

(7) 打开素材文件夹选择一张背景图，如图4-21所示，将此文件拖至抠图文件中（如图4-22所示）形成图层2，即可得到如图4-9所示的效果图。

图4-21 背景图　　　　　　　图4-22 新建图层2添加背景图

➤ 任务三　合成图像的制作

📑 任务认知

本任务介绍一种比较常用的合成方法，把人像合成到实物里面。

📑 技能剖析

此任务采用图层混合模式等技能。

📑 任务完成

找好相应的素材，把人像去色，用蒙版控制好区域。把背景覆盖到人像上面，修改图层混合模式，得到初步的效果，后期处理细节即可。

(1) 打开原始素材 1，再打开原始素材 2，如图 4-23 和图 4-24 所示。

图 4-23　原始素材 1　　　　　　图 4-24　原始素材 2

(2) 将人物头像放在山崖合适位置，用"矩形选框工具"对需要的人像大小进行框选，接着按"Ctrl+Shift+I"键，对图像进行反向选择，删除不需要的区域，如图 4-25 至图 4-27 所示。

图 4-25　人物图像大小选框　　　　图 4-26　矩形选框工具

(3) 选取人像，使用"编辑"→"变换"→"水平翻转"命令，调整好人像与悬崖的位置，如图 4-28 所示。为人像添加蒙版（如图 4-29 所示），用黑色画笔涂抹，擦除脸的边缘。

图 4-27　对人物头像进行修剪　　　图 4-28　人像反转后的效果图

(4) 利用"蒙版"和"画笔工具"（如图 4-30 和图 4-31 所示）调整人物头像关系，完成人像修改后的效果图如图 4-32 所示。

图 4-29 添加蒙版　　　　　　　　图 4-30 蒙版工具

图 4-31 画笔工具　　　　图 4-32 完成人像修改后效果图

(5) 对人物去色。复制背景，将背景副本移到人像层上面（如图 4-33 所示），混合模式改为"正片叠底"，将人像和背景副本分别调整色阶提亮，人像和背景比较融合就可以了，如图 4-34 所示。

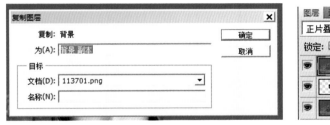

图 4-33 复制背景图层

图 4-34 复制完成样式

(6) 将画笔硬度、不透明度降低，用黑色画笔在人像层蒙版上继续涂抹，使人像和山崖更自然地结合到一起，如图 4-35 所示。

图 4-35 结合两张图片

(7) 如果你觉得人像的投影不够明显，就右键图层，选择混合选项（如图 4-36 和图 4-37 所示），选取特殊效果，观察结果，根据实际情况操作。调整后图像效果图如图 4-38 所示。

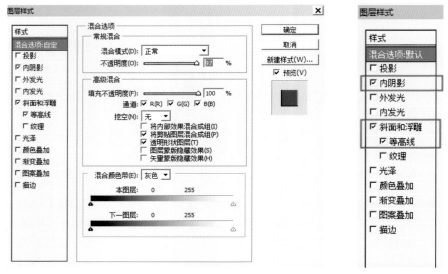

图 4-36　调整图层样式　　　　　　　　　图 4-37　调整图层样式

图 4-38　调整后图像效果图

知识拓展

利用通道来完成选择，实现照片的合并。

(1) 按"Ctrl+O"键打开"人物 3"图像。

(2) 分别单击红通道、绿通道、蓝通道，同时观察图片，如图 4-39 所示。在绿通道内，衣服与背景的反差比较明显，在蓝通道内，头发与背景的反差最为鲜明，所以需要分成两个部分创建蒙版。

图 4-39   打开红通道、绿通道、蓝通道

　　(3) 复制蓝通道，创建头发蒙版，如图 4-40 所示。
　　(4) 选中复制的蓝通道，选择"图像"→"调整"→"色阶"命令进行色阶调整，如图 4-41 所示，将"输入色阶"的第一项改为 45，单击"好"按钮，效果如图 4-42 所示。

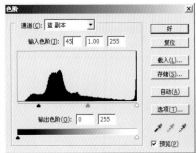

图 4-40   复制蓝通道　　　　图 4-41   修改色阶　　　　图 4-42   修改色阶后的效果图

　　(5) 用套索工具在头发内部及面部周围选择选区，选中头发内部的杂色区域，如图 4-43 所示。
　　(6) 将前景色设置为黑色，按"Alt+Delete"键将选中的区域填充为黑色，如图 4-44 所示，按"Ctrl+D"键取消选择，制成头发蒙版。
　　(7) 复制绿通道，创建衣服蒙版，如图 4-45 所示。
　　(8) 选中复制的绿通道，选择"图像"→"调整"→"色阶"命令进行色阶调整，如图 4-46 所示。将"输入色阶"的第一项改为"30"，单击"好"按钮。

图 4-43　选中头发内部

图 4-44　填充黑色 1

图 4-45　复制绿通道

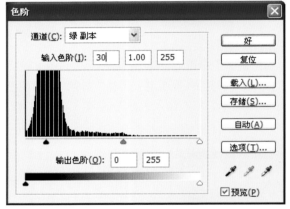

图 4-46　修改色阶

　　(9) 用套索工具在衣服内部选择选区，选中衣服内部的杂色区域，如图 4-47 所示。

　　(10) 将前景色设置为黑色，按"Alt+Delete"键将选中的区域填充为黑色，如图 4-48 所示，按"Ctrl+D"键取消选择，制成衣服蒙版。

图 4-47　选中衣服内部的杂色区域

图 4-48　填充黑色 2

(11) 使用"图像"→"计算"命令，弹出"计算"对话框（如图 4-49 所示），在该对话框中选择相应的源、图层和通道，并设置混合方式为"正片叠底"，并保持不透明度，设置后的效果如图 4-50 所示，然后单击"确定"按钮，就得到了 Alpha 蒙版。

图 4-49　"计算"对话框　　　　图 4-50　设置后的效果图

(12) 按"Ctrl"键不放，单击 Alpha 通道（如图 4-51 所示），把通道载入选区。

(13) 切换到图层面板，删除白色背景使其成为透明，并适当修复图像边缘，如图 4-52 所示。

图 4-51　选中 Alpha 通道　　　　图 4-52　删除白色背景

(14) 按"Ctrl+O"键，打开"原图"图像，把刚才处理好的图层拖到此背景图层中，利用"自由变换"命令调整图像的大小，如图 4-53 至图 4-55 所示。

图 4-53　背景图像

图 4-54　组合后的图片

图 4-55　调整层菜单

（15）按"Ctrl"键，单击图层 1，选中人物，单击图层面板中的 ⚫ 按钮，选择"照片滤镜"命令，弹出"照片滤镜"对话框，按照图 4-56 所示进行设置，然后单击"好"按钮，最终效果图如图 4-57 所示。

图 4-56　"照片滤镜"对话框

图 4-57　最终效果图

项目五

滤镜的应用

内容导航

滤镜是一种插件模块，可以对图像中的像素进行操作，也可以模拟一些特殊的光照效果或带有装饰性的纹理效果。Photoshop 提供了各种各样的滤镜，使用这些滤镜，用户无须耗费大量的时间和精力就可以快速地制作出如云彩、马赛克、模糊、素描、光照及各种扭曲效果等。

学习要点

➡ 滤镜的基本操作方法
➡ 基本滤镜的作用
➡ 智能滤镜的操作方法
➡ 特殊滤镜的操作方法
➡ 常用滤镜的操作方法

➢ 任务一　火焰效果背景的制作

📓 任务认知

通过学习，掌握滤镜的应用。

📓 技能剖析

此任务采用滤镜、智能滤镜、常用滤镜等技能。

📋 任务完成

(1) 按"Ctrl+N"键，在弹出的"新建"对话框中，将文件的高度设置为 "22"厘米，宽度设置为"18"厘米，分辨率设置为"200"像素 / 英寸，颜色 模式设置为"RGB 颜色"，背景内容设置为"白色"，建立一个新文件，如图 5-1 所示。

(2) 按"D"键，将工具箱中的前景色设置为黑色，背景色设置为白色，然 后选取菜单栏中的"滤镜"→"渲染"→"云彩"命令，效果如图 5-2 所示。

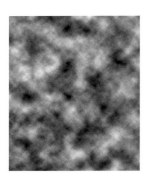

图 5-1 "新建"对话框   图 5-2 滤镜渲染云彩效果图

(3) 选取菜单栏中的"图像"→"模式"→"灰度"命令，弹出"信息"对话框， 如图 5-3 所示。单击"扔掉"按钮，选取菜单栏中的"图像"→"模式"→"索 引颜色"命令，将图像转化为索引模式。选取菜单栏中"图像"→"模式"→"颜 色表"命令，弹出"颜色表"对话框，在"颜色表"对话框中选取如图 5-4 所示颜色。

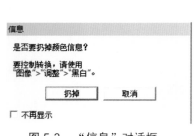
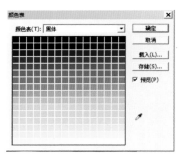

图 5-3 "信息"对话框   图 5-4 "颜色表"对话框

(4) 选项设置完成后，单击"确定"按钮，制作出的火焰效果如图 5-5 所示。

(5) 选取菜单栏中的"图像"→"模式"→"RGB 颜色"命令，将图像转换 为 RGB 模式，单击工具箱中的"涂抹"按钮，设置属性栏中的参数，画笔为"100"， 模式为"正常"，强度为"70％"，涂抹效果如图 5-6 所示。

图 5-5 火焰效果图   图 5-6 涂抹效果图

(6) 选取菜单栏中的"图像"→"调整"→"色相／饱和度"命令，弹出"色相／饱和度"对话框，参数设置如图 5-7 所示。参数设置完成后，单击"确定"按钮。

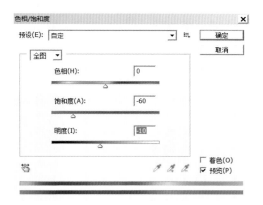

图 5-7 调整色相／饱和度

(7) 单击工具箱中的画笔工具，属性设置如图 5-8 所示。在画面中的两侧及底部边缘位置喷绘一些黑色，火焰效果图如图 5-9 所示。

图 5-8 选择并设置画笔工具   图 5-9 调整火焰后
                                         的效果图

➤ 任务二 线性纹理的制作

任务认知

通过学习，掌握线性纹理的应用。

技能剖析

此任务采用添加杂色、高斯模糊等技能。

任务完成

(1) 在本项目任务一的基础上，在"图层"面板中新建一个新图层"图层 1"，将其填充为黑绿色 (C:80,M:60,Y:60,K:60)，如图 5-10 所示。创建一个新图层"图层 2"，单击工具箱中的矩形选框，在画面中绘制一个矩形区域，并填充白色，效果图如图 5-11 所示。

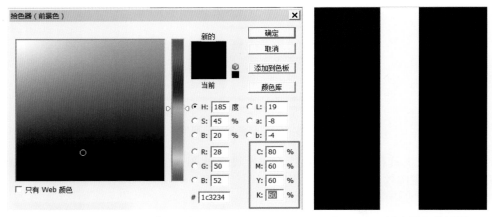

图 5-10 选择颜色   图 5-11 新建图层效果图

(2) 选取菜单栏中的"滤镜"→"杂色"→"添加杂色"命令，弹出"添加杂色"对话框，参数设置如图 5-12 所示。

(3) 参数设置完成后，单击"确定"按钮，添加杂色后的效果图如图 5-13 所示。按"Ctrl+T"键添加变形框，将鼠标光标放在变形框右侧的控制点上，按下鼠标左键向右进行拖曳，如图 5-14 和图 5-15 所示。

图 5-12 "添加杂色"对话框

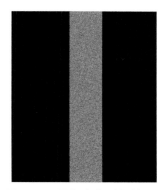

图 5-13 添加杂色后的效果图

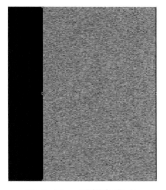

图 5-14 调整杂色 1

图 5-15 调整杂色 2

(4) 利用此方法，将添加杂色后的选区拖曳调整成与画面相同的大小（如图 5-16 所示），按"Enter"键确定选区的变形，利用工具箱中的"矩形选框"工具，在画面中间位置绘制一矩形区域，用与上面相同的方法，将选区中的图形拖大变形，其效果图如图 5-17 所示。

图 5-16 调整杂色

图 5-17 调整好的效果图

（5）选取菜单栏中的"选择"→"色彩范围"命令，弹出"色彩范围"对话框，选项设置如图 5-18 所示。单击"确定"按钮，添加选区后的效果图如图 5-19 所示。

图 5-18　"色彩范围"对话框　　　　图 5-19　添加选区后的效果图

（6）连续按 3 次"Delete"键，删除选择区域中的图形，去除选择区域。选取菜单栏中的"图像"→"调整"→"色相 / 饱和度"命令，弹出"色相 / 饱和度"对话框，其设置如图 5-20 所示。

（7）参数设置完成后，单击"确定"按钮，调整"色相 / 饱和度"后的图面效果如图 5-21 所示。

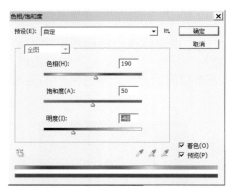

图 5-20　调整色相 / 饱和度　　　　　图 5-21　调整后的效果图

（8）选取菜单栏中的"选择"→"色彩范围"命令，弹出"色彩范围"对话框，其设置如图 5-22 所示。单击"确定"按钮，将添加的选区填充上白色，如图 5-23 所示。

图 5-22　利用颜色选择选区

图 5-23　选区填充白色后的效果图

(9) 去除选择区域，选择菜单栏中的"滤镜"→"模糊"→"高斯模糊"命令，弹出"高斯模糊"对话框，其设置如图 5-24 所示。单击"确定"按钮，高斯模糊后的效果图如图 5-25 所示。

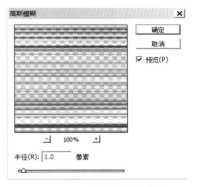

图 5-24　调整高斯模糊数值

图 5-25　高斯模糊后的效果图

➤ 任务三　"X"字体的制作

📋 任务认知

通过学习，掌握滤镜杂色的应用。

📋 技能剖析

此任务采用滤镜添加杂色等技能。

任务完成

(1) 在本项目任务二的基础上，在"图层"面板中将"图层2"与"图层1"合并，单击工具箱中的"钢笔工具"，在画面中沿画面的左侧位置绘制闭合的钢笔路径（如图5-26所示），打开路径面板底部 ▭ 按钮，将选择区域反选，删除此图层所选区域（如图5-27所示）。将"图层1"进行水平翻转复制，得到如图5-28所示的效果图。

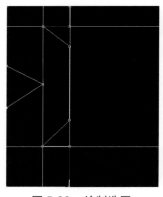

图 5-26　绘制选区　　　　图 5-27　删除选区　　　　图 5-28　删除后的效果图

(2) 创建一个新图层"图层2"，单击工具箱中的"钢笔工具"，绘制出如图5-29所示的闭合路径。使用与步骤（1）相同的方法，将路径转化为选区，然后将区域内填充为白色，效果图如图5-30所示。

图 5-29　绘制闭合路径　　　　　　图 5-30　绘制白色边框

(3) 选取菜单栏中的"滤镜"→"杂色"→"添加杂色"命令，弹出"添加杂色"对话框，如图5-31所示。参数设置完成后，单击"确定"按钮，添加杂色后的效果图如图5-32所示。

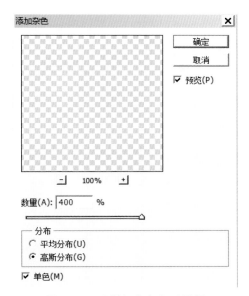

图 5-31 "添加杂色"对话框

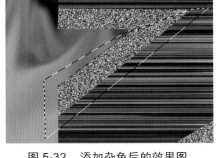

图 5-32 添加杂色后的效果图

(4) 单击工具箱中的 ❑ 按钮，在画面中绘制如图 5-32 所示的选择区域。选取菜单中的"图像"→"调整"→"色相 / 饱和度"命令，弹出"色相 / 饱和度"对话框，如图 5-33 所示。

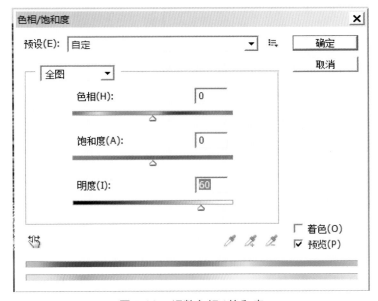

图 5-33 调整色相 / 饱和度

（5）参数设置完成后，单击"确定"按钮。将工具箱中的前景色设置为白色，单击工具箱中的"画笔工具"，其笔头大小设置为 100 像素。单击工具箱中的 按钮，在画面中绘制一选择区域，然后将"图层 2"锁定为透明，利用设置的笔头将画面喷绘成如图 5-34 所示的效果图。

（6）利用同样方法将画面中其他位置的杂色图形绘制成白色，最终效果图如图 5-35 所示。

图 5-34　完成的反光效果图　　　图 5-35　最终完成的反光效果图

➢ 任务四　人体发射光线的制作

📋 任务认知

通过学习，掌握滤镜径向模糊的应用。

📋 技能剖析

此任务采用滤镜径向模糊等技能。

📋 任务完成

（1）打开素材文件，如图 5-36 和图 5-37 所示。

图 5-36　原始素材 1　　　　　　　　图 5-37　原始素材 2

　　(2) 利用工具箱中的 按钮，将打开的人物图片分别移动、复制到海报的画面中去，调整其大小后，放置到两矩形图形中间位置，然后将其生成的图层放置在"图层 1"的下面，分别如图 5-38 和图 5-39 所示。

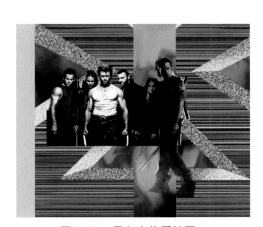

图 5-38　导入人物原始图　　　　　　图 5-39　调整人物素材图

　　(3) 按"Ctrl+N"键，新建一个文档，参数设置如图 5-40 所示。
　　(4) 在"图层"面板中创建一个新的图层"图层 1"，将工具箱中的前景色设置为白色，单击工具箱中的"画笔工具"，设置合适的笔头大小，在画面中绘制如图 5-41 所示的线条。

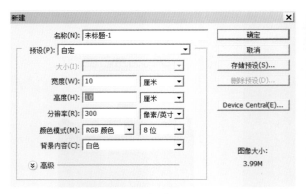

图 5-40   "新建"对话框   图 5-41   利用画笔绘制线条

(5) 选取菜单栏中的"滤镜"→"模糊"→"径向模糊"命令，弹出"径向模糊"对话框，参数设置如图 5-42 所示，单击"确定"按钮，径向模糊后的效果图如图 5-43 所示。

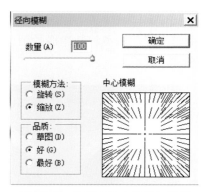

图 5-42   使用滤镜中的径向模糊   图 5-43   径向模糊后的效果图

(6) 连续 3 次按"Delete"键，重复执行"径向模糊"命令。利用工具箱中的 ⊕ 按钮，将绘制完成的白色光线移动到画面中，放置到如图 5-44 所示的位置。由于光线边缘存在一些不够柔和、较为生硬的画面，所以需要将光线进行柔和处理。

(7) 单击工具箱中的"橡皮擦工具"，属性栏中的设置如图 5-45 所示，用"橡皮擦工具"擦除光线，使其边缘变得柔和，并且用"Ctrl+T"键对光线的位置及角度进行调整。

(8) 在"图层"面板中，选取人物所在的图层，分别置为工作层，按"Delete"键，将隐藏在矩形后面的人物图片进行删除，并去除选择区域。将人物图层置为当前层，按"Ctrl"键，单击"图层"，选取人物，其效果图如图 5-46 所示。

图 5-44　将绘制的发光图层进行合成

图 5-45　橡皮擦工具设置

(9) 将人物图层设置为当前图层，单击工具箱中的"橡皮擦工具"，设置合适的笔头大小和流程后，将选择区域中的白色光线进行柔滑处理。利用同样的方法，选取后面的人物，并将其上的白色光线进行修剪处理，最终的效果图如图 5-47 所示。

图 5-46　选择人物素材后的效果图

图 5-47　人体发射光线的效果图

🎖 **知识拓展**

把图 5-48 制作成黑白炫亮马赛克。

(1) 新建一个空白文档，如图 5-49 所示，而后执行"滤镜"→"杂色"→"添加杂色"命令，弹出"添加杂色"对话框，具体参数如图 5-50 所示，单击"确定"

按钮后得到的效果图如图 5-51 所示。

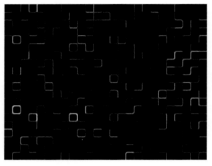

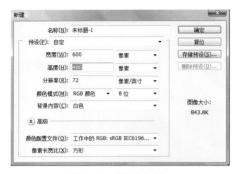

图 5-48　原图　　　　　　　　图 5-49　新建文档

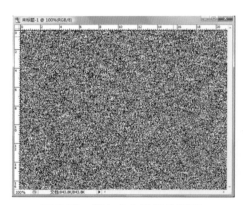

图 5-50　"添加杂色"对话框　　　图 5-51　添加杂色后的效果图

（2）执行"滤镜"→"像素化"→"马赛克"命令，弹出"马赛克"对话框，具体参数如图 5-52 所示，单击"确定"按钮后得到的效果图如图 5-53 所示。

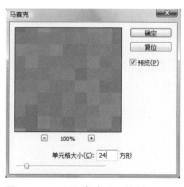

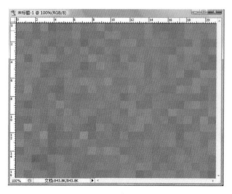

图 5-52　"马赛克"对话框　　　图 5-53　添加马赛克后的效果图

（3）执行"滤镜"→"风格化"→"照亮边缘"命令，弹出"照亮边缘"对话框，具体参数如图 5-54 所示，单击"确定"按钮后，得到的效果图如图 5-55 所示。

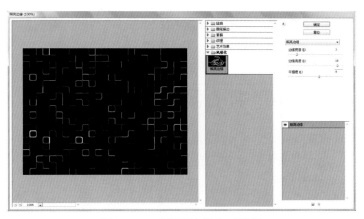

图 5-54 "照亮边缘"对话框

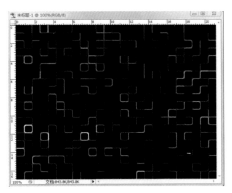

图 5-55 使用"照亮边缘"后的效果图

项目六

人文景观的设计与处理

内容导航

本项目主要是运用 Photoshop CS5 对多种人文图像进行后期处理，主要包括快速处理 .RAW 格式图像、处理模糊的人文景观图像、为图像加景深效果、调整画面构图及全景图像的合成，通过对图像的后期处理，使图像更加形象、美观。

学习要点

➡ 快速处理 .RAW 格式图像
➡ 处理模糊的人文景观图像
➡ 为图像加景深效果
➡ 调整画面构图
➡ 全景图像的合成

➤ 任务一　人文景观图像的常见处理方法

📖 任务认知

通过学习，掌握对人文图像的后期处理。

📖 技能剖析

此任务运用 Adobe Camera Raw 来处理 .RAW 格式图像文件、模糊的人文景观图像，并掌握景深效果、画面构图等技能。

任务完成

不同的数码相机生成的 .RAW 格式文件是各不相同的，.RAW 格式文件处理起来需要耗费大量时间。使用 Adobe Camera Raw 可以对图像进行多种编辑，主要包括裁剪校正照片、快速对白平衡进行调整、更改图像的色调、对图像进行清晰化设置。

在 Adobe Bridge 中选择 .RAW 格式图像，执行"文件"→"在 Camera Raw 中打开"命令，可以在 Camera Raw 中打开图像，如图 6-1 所示。

图 6-1　.RAW 格式图像效果图

1. 使用 Adobe Camera Raw 对图像进行编辑

1) 调整白平衡

Adobe Camera Raw 提供了调节白平衡的多种方法，最为常用的是利用白平衡工具来调整。打开 .RAW 格式图像，执行"白平衡工具"命令，单击图像中灰色位置，软件将自动调整图像的白平衡。同时，还可以执行"白平衡"→"色温"→"色调"滑块来调节白平衡，其效果图如图 6-2 所示。

图 6-2　.RAW 格式图像执行白平衡后的效果图

2) 修正倾斜的图像

Adobe Camera Raw 中的"拉直工具"可以快速调整图像的角度，以修正倾斜的图像。执行"拉直工具"，在预览图中沿着图像的水平线方向单击并拖曳鼠标，以确定水平基准线。释放鼠标后，"裁剪工具"立即处于选中状态，Adobe Camera Raw 将自动创建一个裁剪框，用户可根据图像对裁剪框进行调整，确定裁剪框的大小和范围后，按"Enter"键，其效果图如图 6-3 所示。

图 6-3   .RAW 格式图像执行"拉直工具"前后的图像效果图

3) 去除图像的暗角

当拍摄者以大光圈进行拍摄时，图像往往会出现不同程度的暗角现象，这种现象也称为四角失真。在 Adobe Camera Raw 中可以利用"镜头校正"面板快速校正图像的暗角，使画面整体曝光均匀。执行"镜头校正"命令，在"镜头校正"面板中单击并向右拖曳"镜头晕影"选项下的"数量"滑块和"中点"滑块，或者直接在文本框中输入数值，就可去除图像中的暗角，如图 6-4 和图 6-5 所示。

图 6-4   "镜头校正"面板

图 6-5 .RAW 格式图像执行"镜头校正"前后的效果图

4) 色差图像的艺术处理

使用 Adobe Camera Raw 中的"分离色调"面板，可以实现图像的艺术化处理。打开 .RAW 格式图像，执行"色调分离"命令，在"分离色调"面板中分别对图像的色相、饱和度等进行调整，可将图像转换为一种全新的风格，如图 6-6 和图 6-7 所示。

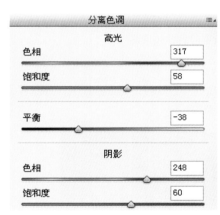
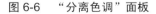

图 6-6 "分离色调"面板　　图 6-7 .RAW 格式图像执行色调分离前后图像效果

2. 控制图像的景深效果

通常，在图像中适当增加模糊效果，不仅能突出图像意境，同时也能表现出不一样的景深效果，以达到增强图像表现力的目的。在 Photoshop CS5 中可以利用"模糊工具"和"模糊"滤镜组来控制图像的景深效果。

1) 模糊工具

使用"模糊工具"可以对图像的局部区域进行模糊处理，其原理是通过降低相邻像素之间的反差，使图像边界或区域变得柔和，产生梦幻般的特殊效果。执行"模糊工具"→"模糊强度"命令，对模糊强度进行设置。强度值越大，涂抹区域变得越柔和，如图6-8所示。模糊强度设置为70%。

2) 模糊滤镜组

在 Photoshop CS5 的模糊滤镜组中包括了"表面模糊"、"动感模糊"、"方框模糊"、"形状模糊"等 11 种模糊滤镜。执行"滤镜"→"模糊"命令，在菜单下显示了所有模糊滤镜，应用这些模糊滤镜可以对选区或整个图像进行柔化，使图像产生平滑过渡的效果。

图 6-8　执行"模糊强度"命令前后的效果图

(1) 表面模糊。

"表面模糊"滤镜可以使图像在保持边缘的同时还可对图像的表面添加模糊效果，多用于创建特殊效果并消除杂色或颗粒，如图6-9所示。

图 6-9　使用"表面模糊"滤镜前后的效果图

(2) 动感模糊和方框模糊。

"动感模糊"滤镜可以使图像按照指定的方向或强度进行模糊，此效果类似于以固定的曝光时间给一个正在移动的对象进行拍摄。"方框模糊"滤镜是使用相邻像素的平均颜色值来模糊对象，可以计算特定像素平均值大小，在"方框模糊"对话框中，输入的半径值越大，产生的模糊效果越明显，如图6-10至图6-12所示。

图6-10 原始图像　　　　　　图6-11 使用"动感模糊"滤镜后的效果图

图6-12 使用"方框模糊"滤镜后的效果图

(3) 高斯模糊。

"高斯模糊"滤镜通过设置模糊的半径值为图像进行模糊。执行"滤镜"→"模糊"→"高斯模糊"命令，打开"高斯模糊"对话框，在该对话框中输入半径值，图6-13是半径值为6的"高斯模糊"效果图，图6-14是半径值为4的"高斯模糊"效果图。

图6-13 半径值为6的"高斯模糊"效果图　　图6-14 半径值为4的"高斯模糊"效果图

(4) 模糊和进一步模糊。

"模糊"滤镜可以用于柔化整体或部分图像，使用"进一步模糊"滤镜得到的效果相当于应用 3~4 次"模糊"滤镜后的效果。图 6-15 为应用"模糊"滤镜后的效果图，图 6-16 为应用"进一步模糊"滤镜后的效果图。

图 6-15 使用"模糊"滤镜后的效果图　　图 6-16 使用"进一步模糊"滤镜后的效果图

（5）径向模糊和镜头模糊。

使用"径向模糊"滤镜后的效果与相机在拍摄过程中进行移动或旋转后所拍摄图像的模糊效果相似，如图 6-17 所示。"镜头模糊"滤镜可以在模糊图像时产生更强的景深效果，如图 6-18 所示。

图 6-17 使用"径向模糊"滤镜后的效果图　　图 6-18 使用"镜头模糊"滤镜后的效果图

（6）平均。

"平均"滤镜是通过寻找图像或选区的平均颜色，然后再用该颜色填充图像或选区，此滤镜可以使图像变得平滑。图 6-19 为使用选区工具在图像中创建的选区，图 6-20 为对选区应用"平均"滤镜后的效果图。

图 6-19 创建选区后的图像　　　　图 6-20 使用"平均滤镜"滤镜后的效果图

(7) 特殊模糊和形状模糊。

"特殊模糊"滤镜可以准确模糊图像，执行"滤镜"→"模糊"→"特殊模糊"命令，在"特殊模糊"对话框中设置参数后，对图像进行模糊，如图 6-21 所示。"形状模糊"滤镜是使用指定形状来创建模糊效果，使用者可以根据图像选择形状来制作图像的模糊效果，如图 6-22 所示。

图 6-21 使用"特殊模糊"滤镜后的效果图   图 6-22 使用"形状模糊"滤镜后的效果图

3. 全景图像的合成方法

拍摄照片常常不能一次性完成一幅全景图像的拍摄，这时就需要利用 Photoshop 来合成全景图像。全景图像的合成有多种不同的方法，主要使用"自动对齐图层"和"Photomerge"命令合成全景图像。

1) 执行"自动对齐图层"命令合成全景图像

"自动对齐图层"命令可以根据不同图层中相似的内容自动对齐图层，并替换或删除具有相同背景的图像部分，或将共享重叠内容的图像合在一起。

(1) 将用于合成全景图的图像打开，在 Photoshop 中打开图 6-23 至图 6-25。

图 6-23 未合成图像 1   图 6-24 未合成图像 2   图 6-25 未合成图像 3

(2) 执行"文件"→"新建"命令,新建一个空白文件,然后将打开的图像分别拖曳到新建的文件中,并在"图层"面板中生成"图层 1"、"图层 2"和"图层 3",如图 6-26 所示。

图 6-26　复制到一起的图像

(3) 设置自动对齐选项。如图 6-27 所示,同时选中 3 个图层,执行"编辑"→"自动对齐图层"命令,打开"自动对齐图层"对话框,勾选"晕影去除"和"几何扭曲",单击"确定"按钮。

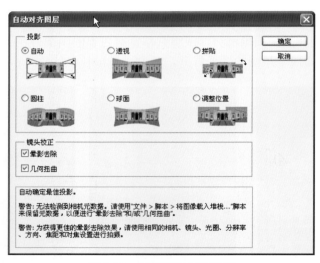

图 6-27　设置自动对齐选项

(4) 合成全景图像。系统将应用设置对图像进行处理,并在图像窗口中生成自动对齐后的全景图像,再利用"裁剪工具"把多余的图像裁剪掉,得到完整的全景图效果，如图 6-28 和图 6-29 所示。

图 6-28　利用"裁剪工具"进行裁剪

图 6-29　合成后的全景图像

§ 小贴士

在"自动对齐图层"中可以用"晕影去除"和"几何扭曲"两个复选框来对图像进行镜头校正。若勾选"晕影去除"复选框，则可将由于镜头瑕疵和镜头遮光处理不当而导致边缘较暗的图像中的晕影去除；若勾选"几何扭曲"复选框，则可补偿桶形、枕形或鱼眼扭曲后导致的图像失真。

2) 执行"Photomerge"命令合成全景图像

全景图像也可以通过"Photomerge"命令来实现。在"Photomerge"对话框中对各选项进行设置，可非常方便地将一个位置拍摄的多张图像合成为一幅图像，制作全景图像效果。

(1) 打开图像，在 Photoshop 中将同一位置的 3 幅图像打开，如图 6-30 所示。

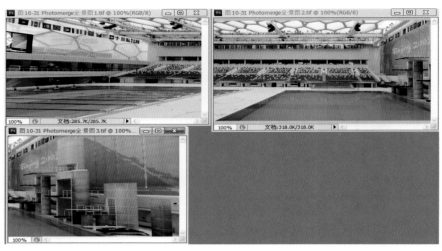

图 6-30　原始图像

(2) 执行"文件"→"自动"→"Photomerge"命令，打开"Photomerge"对话框。

(3) 单击右侧"添加打开的文件"，将打开的 3 个文件添加为使用的源对象，如图 6-31 所示。

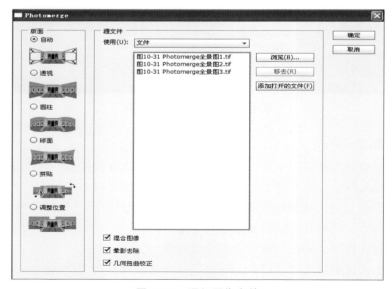

图 6-31　添加图像文件

(4) 设置完成后单击"确定"按钮，软件就会开始处理图像，将这 3 幅图像自动合成在一起，制作成全景图，并生成一个新的文档，如图 6-32 和图 6-33 所示。

图 6-32 合成图像裁剪效果图

图 6-33 合成图像效果图

➤ 任务二 江南水乡景观的处理与设计

📓 任务认知

通过学习，掌握对人文景观效果图的后期处理。

📓 技能剖析

此任务采用色调的处理、通道的应用等技能。

📓 任务完成

Photoshop 进行人文景观设计与处理，为人文景观设计的表现带来了很大的方便，可以使景观设计效果表现得更加真实，表现手法更加便捷。

利用 Photoshop 可以很轻松地调整出想要的各种光色搭配、亮度及曝光度，本任务以江南水乡优美的景观为素材，通过对图像整体色调的调整和设置，使整幅图像在艺术形式上更加美观。

(1) 打开需要的素材图像，如图 6-34 所示，选择并复制"背景"图层，然后对图层混合模式进行调整。

图 6-34　对背景图层进行调整后的效果图

　　(2) 打开需要的蓝天素材图像，如图 6-35 所示，单击工具箱中的"移动工具"按钮，将蓝天素材图像拖曳至编辑图像中，得到"图层 1"图层，如图 6-36 所示。

图 6-35　蓝天素材图像　　　　　图 6-36　将图像拖曳至编辑图像中

　　(3) 选中"背景图层"，单击"图层 1"图层前的"指示图层可见性"图标，隐藏"图层 1"图层的可见状态，如图 6-37 所示。执行"窗口"→"通道"命令，打开"通道"面板，如图 6-38 所示。

图 6-37　隐藏图层 1 图层的可见性　　　图 6-38　打开"通道"面板

(4) 单击"通道"面板中的蓝通道，在图像中查看"蓝通道"下的图像效果，如图 6-39 和图 6-40 所示。

图 6-39　选择蓝通道　　　　图 6-40　蓝通道下的效果图

(5) 单击并拖曳"蓝通道"至面板底部的"创建新通道"按钮上，复制"蓝通道"，得到"蓝副本通道"，如图 6-41 所示。

(6) 按"Ctrl+L"键，打开"色阶"对话框，如图 6-42 所示，设置色阶值为 196、0.58、231，设置完成后单击"确定"按钮。

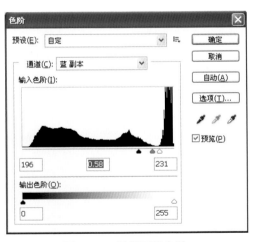

图 6-41　新建蓝副本通道　　　　图 6-42　设置图像色阶

(7) 在工具箱中设置前景色为黑色，单击工具箱中的"画笔工具"按钮，在其选项栏中设置其不透明度为 60%，如图 6-43 所示。

(8) 使用"画笔工具"，在图像适当位置单击并进行涂抹，将图像部分涂抹为黑色，如图 6-44 所示。

(9) 按"Ctrl"键并单击"蓝副本通道"的通道缩览图，将"蓝副本通道"中的图像作为选区载入，如图 6-45 和图 6-46 所示。

图 6-43　设置前景色和画笔

图 6-44　使用画笔工具涂抹图像

图 6-45　将通道载入选区

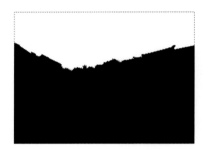

图 6-46　载入选区后的效果图

(10) 执行"选择"→"反向"命令，将选区进行反向。单击 RGB 通道前的"指示通道可见性"图标，在图像中查看 RGB 通道下的图像效果，如图 6-47 所示。

图 6-47　将通道载入选区后的效果图

(11) 选中"背景副本"图层，按"Ctrl+J"键，复制选区图层为"图层 2"图层，选中"图层 1"图层，单击该图层前的"指示通道可见性"图标，显示该图层，按"Ctrl+T"键，自由变换图像大小和外形，设置完成后单击选项栏的"进行变换"按钮，应用变换，如图 6-48 和图 6-49 所示。

图 6-48 复制选区图层   图 6-49 对图像进行自由变换

(12) 确保"图层 1"图层为选中状态，按"Ctrl"键并单击"图层 2"图层的缩览图，将"图层 2"图层中的图像作为选区载入，如图 6-50 和图 6-51 所示。

图 6-50 按 Ctrl 键并单击图层 2   图 6-51 将图像载入选区后的效果图
        略缩图

(13) 执行"选择"→"反向"命令，对图像进行反向选择。单击"图层"面板底部的"添加图层蒙版"按钮，为"图层 1"图层添加图层蒙版效果，实现融合效果，如图 6-52 和图 6-53 所示。

图 6-52 对图像反向选择后添加图层蒙版   图 6-53 融合后的效果图

(14) 执行"图层"→"向下合并"命令,按"Ctrl+E"键,合并图层蒙版和"图层 2"图层,如图 6-54 所示。

图 6-54　合并图层

(15) 按"Ctrl+Shift+Alt+E"键盖印图层,创建"色阶"调整图层,在打开的面板中选择"中间较亮"选项,提高图像亮度,如图 6-55 所示。

(16) 单击"色阶"图层,打开图层蒙版缩览图,设置前景色为黑色,在天空区域进行涂抹,修复偏亮的图像,如图 6-56 所示。

图 6-55　色阶调整图层　　　　　　　　　图 6-56　修复偏亮的图层

(17) 再创建一个"色阶"调整图层,在打开的面板中选择"增强对比度 1"选项,增强对比度效果,如图 6-57 所示。

(18) 盖印图层,执行"滤镜"→"锐化"→"USM 锐化"命令,打开"USM 锐化"对话框,设置参数,锐化图像,如图 6-58 所示。

图 6-57　增强对比度 1 设置　　　　　　　图 6-58　锐化图像

(19) 创建"色彩平衡"调整图层，在打开的面板中分别对"阴影"、"中间调"和"高光"的颜色进行设置，如图 6-59 至图 6-61 所示。

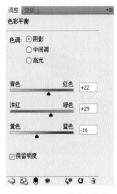
图 6-59 阴影调整

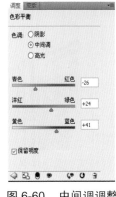
图 6-60 中间调调整

图 6-61 高光调整

(20) 创建"照片滤镜"调整图层，在打开的面板中选择"深黄"滤镜，调整图像，如图 6-62 所示。

图 6-62 照片滤镜图层调整

(21) 单击"通道"面板中的"蓝副本通道"，按"Ctrl"键并单击"蓝副本通道"的通道缩览图，将"蓝副本通道"中的图像作为选区载入，获取天空选区，如图 6-63 所示。

图 6-63 选区载入并获取天空选区

(22) 执行"图像"→"调整"→"色相 / 饱和度"命令，对天空选区的色相 / 饱和度进行调整，如图 6-64 所示。

图 6-64　调整天空选区的色相 / 饱和度

(23) 盖印图像，设置图层混合模式为"正片叠底"、不透明度为"75%"，增强画面的对比度，如图 6-65 所示。

图 6-65　设置图层的混合模式

(24) 使用"套索工具"在图像左侧创建选区，并将选区羽化半径设置为 245 像素，使用"图像"→"调整"→"曝光度"命令，提亮选区。继续使用选区工具，进行曝光度的调整，直到满意，其效果图如图 6-66 所示。

图 6-66　提亮选区效果图

(25) 载入第 (24) 步设置的选区，创建"亮度 / 对比度"调整图层，设置"亮度"为"20"，"对比度"为"0"，提高选区内的图像亮度，如图 6-67 所示。

图 6-67　调整亮度 / 对比度调整图层

(26) 创建"色阶"调整图层，在打开的面板中设置色阶值为 17、1.17、244，调整图像的色阶，如图 6-68 所示。

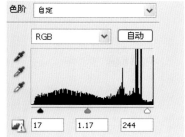

图 6-68　调整图像色阶

(27) 单击"色阶"图层缩览图，设置前景色为黑色，使用柔角画笔在图像上涂抹，恢复天空和白色墙面的影调，如图 6-69 所示。

图 6-69　使用画笔工具涂抹图层

(28) 盖印图层,执行"选择"→"色彩范围"命令,打开"色彩范围"对话框,在该对话框中设置选择范围,创建灯笼选区,如图 6-70 所示。

图 6-70　创建灯笼选区

(29) 新建"颜色填充"调整图层,设置填充颜色为红色,再将调整图层的混合模式更改为"柔光",如图 6-71 所示。

图 6-71　设置柔光图层混合模式

(30) 在"图层 4"图层上方新建一个"色相 / 饱和度"调整图层,在打开的面板中设置各项参数,调整画面的饱和度,如图 6-72 所示。

图 6-72　设置色相 / 饱和度调整图层

(31) 使用"裁剪工具"创建一个黑色的边框，将黑色调整为背景色进行填充，如图 6-73 和图 6-74 所示。

(32) 结合文字工具和图形绘制工具添加文字和线条，如图 6-75 所示。

图 6-73　使用裁剪工具裁剪　　　图 6-74　裁剪后的效果图　　　图 6-75　最终效果图
　　　　　图像

知识拓展

处理与设计高原景观。

利用 Photoshop 不仅能够制作出景观更加分明的天空效果，而且能够有效地突出建筑景观的明亮色彩。

(1) 打开需要的素材图像，如图 6-76 所示。选择并复制"背景"图层，然后对图层混合模式进行调整，调整为"叠加"，如图 6-77 所示。

图 6-76　高原景观素材图像

(2) 创建"曲线"调整图层，在打开的面板中，调整曲线形状，提亮图像，如图 6-78 所示。

图 6-77 调整图像混合模式

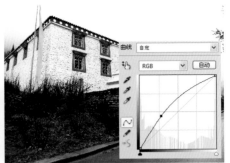

图 6-78 创建"曲线"调整图层

(3) 利用套索工具选择"背景"图层中多余的树枝部分,执行"编辑"→"填充"→"内容识别"命令,打开"填充"对话框,去除多余的树枝,如图 6-79 所示。

图 6-79 利用内容识别功能去除多余的树枝

(4) 打开需要的素材图像如图 6-80 所示,单击工具箱中的"移动工具"按钮,将素材图像拖曳到编辑的图像中,得到"图层 1"图层,如图 6-81 所示。

图 6-80 蓝天素材图像

图 6-81 将蓝天素材图像拖曳至编辑图像中

(5) 选中"背景图层",单击"图层 1"图层前的"指示图层可见性"图标,隐藏"图层 1"图层的可见状态,如图 6-82 所示。执行"窗口"→"通道"命令,打开"通道"面板,如图 6-83 所示。

图 6-82 隐藏"图层 1"图层的可见状态　　　图 6-83 打开"通道"面板

(6) 单击"通道"面板中的"蓝通道",在图像中查看"蓝通道"下的图像效果,如图 6-84 和图 6-85 所示。

图 6-84 选中蓝通道　　　　　　图 6-85 蓝通道下的效果图

(7) 单击并拖曳"蓝通道"至面板底部的"创建新通道"按钮上,复制"蓝通道",得到"蓝副本通道",如图 6-86 所示。

(8) 按"Ctrl+L"键,打开"色阶"对话框,设置色阶值为 185、0.65、196,设置完成后单击"确定"按钮,如图 6-87 所示。

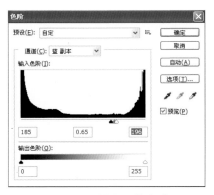

图 6-86 新建蓝副本通道　　　　　图 6-87 设置图像色阶

(9) 在工具箱中设置前景色为黑色，单击工具箱中的"画笔工具"按钮，在其选项栏中设置其不透明度为"60%"，如图 6-88 所示。

(10) 在画面适当位置使用"画笔工具"进行涂抹，将图像部分涂抹为黑色，如图 6-89 所示。

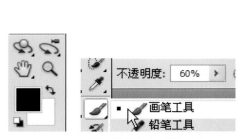

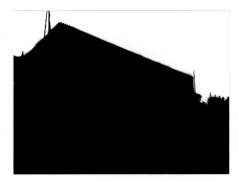

图 6-88　设置前景色和画笔工具　　　图 6-89　使用画笔工具涂抹图像

(11) 按"Ctrl"键，单击"蓝副本通道"的通道缩览图，如图 6-90 所示。将"蓝副本通道"中的图像作为选区载入，其效果图如图 6-91 所示。

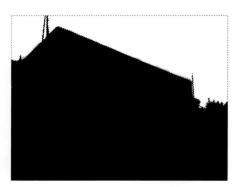

图 6-90　将蓝副本通道载入选区　　　图 6-91　载入选区后的效果图 1

(12) 执行"选择"→"反向"命令，将选区进行反向。如图 6-92 所示，单击"RGB通道"前的"指示通道可见性"图标，在图像中查看"RGB 通道"下的效果图，如图 6-93 所示。

图 6-92 将 RGB 通道载入选区

图 6-93 载入选区后的效果图 2

(13) 选中"背景副本"图层，按"Ctrl+J"键，复制选区图层为"图层 2"图层，选中"图层 1"图层，单击该图层前的"指示通道可见性"图标，显示该图层，按"Ctrl+T"键，自由变换图像大小和外形。设置完成后单击选项栏的"进行变换"按钮，应用变换，如图 6-94 和图 6-95 所示。

图 6-94 复制选区图层

图 6-95 对图像进行自由变换

(14) 确保"图层 1"图层为选中状态，按"Ctrl"键，单击"图层 2"图层的缩览图，将"图层 2"图层中的图像作为选区载入，如图 6-96 和图 6-97 所示。

图 6-96 按"Ctrl"键单击图层 2 缩览图

图 6-97 将图像作为选区载入的效果图

（15）执行"选择"→"反向"命令，反向选区。单击"图层"面板底部的"添加图层蒙版"按钮，为"图层 1"图层添加图层蒙版效果，实现融合效果，如图 6-98 和图 6-99 所示。

图 6-98　对图像反向选择后添加图层蒙版　　图 6-99　融合后的图像效果

（16）使用"Ctrl+Shift+Alt+E"键盖印图层，创建"色相 / 饱和度"调整图层，在打开的面板中分别对"全图"和"蓝色"的饱和度进行设置，如图 6-100 所示。

图 6-100　创建色相 / 饱和度调整图层

（17）执行"选择"→"色彩范围"命令，打开"色彩范围"对话框并进行设置，如图 6-101 所示。

图 6-101　调整色彩范围 1

(18) 创建"颜色填充"调整图层，设置填充色为白色，再将调整图层的混合模式更改为"柔光"，不透明度为"10%"，如图 6-102 所示。

图 6-102 创建颜色填充调整图层

(19) 选择创建的"颜色填充"图层，设置前景色为黑色，使用柔角画笔在云朵上方进行涂抹，修复云朵的层次，如图 6-103 所示。

图 6-103 修复云朵的层次

(20) 执行"选择"→"色彩范围"命令，在打开的面板中使用"吸管工具"设置需要调整的选区范围，如图 6-104 所示。

(21) 设置完选区后，创建"色彩平衡"调整图层，在打开的面板中设置颜色值为 +15、+1、+71，以调整颜色，如图 6-105 所示。

图 6-104 调整色彩范围 2   图 6-105 创建色彩平衡调整图层

(22) 执行"选择"→"色彩范围"命令，在打开的面板中使用"吸管工具"设置需要调整的选区范围，如图 6-106 所示。

图 6-106　调整色彩范围 3

(23) 再次创建"色彩平衡"调整图层，在打开的面板中设置颜色值为−22、+12、0，调整颜色，如图 6-107 所示。

图 6-107　创建色彩平衡调整图层

(24) 执行"选择"→"色彩范围"命令，在打开的面板中使用"吸管工具"设置需要调整的选区范围，如图 6-108 所示。

图 6-108　设置图像色彩平衡

(25) 设置选区后，创建"色阶"调整图层，在打开的面板中选择"增加对比度 2"选项，提高选区内图像的对比度，如图 6-109 所示。

(26) 创建"色相 / 饱和度"调整图层，在打开的面板中分别对"全图"、"青色"、"绿色"和"蓝色"的饱和度进行调整，如图 6-110 所示。

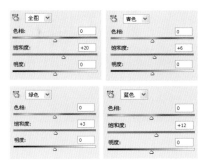

图 6-109　增加图像对比度 2　　　图 6-110　对图像色相 / 饱和度进行调整

(27) 单击"图层"面板中的"图层 3"，设置其不透明度为"17%"，除去蓝色斑点，对图像的颜色进行修饰，如图 6-111 所示。

图 6-111　除去图像中多余的蓝色斑点

(28) 创建"色阶"调整图层，在打开的面板中设置色阶值为 0、1.28、255，如图 6-112 所示。

图 6-112　创建色阶调整图层

(29) 创建"可选颜色"调整图层，设置"绿色"和"黄色"的颜色百分比，如图 6-113 所示。

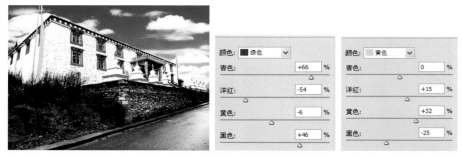

图 6-113　创建可选颜色调整图层

(30) 载入"图层 2"选区，创建"色阶"调整图层，提亮云朵，增加云朵的层次感，如图 6-114 所示。

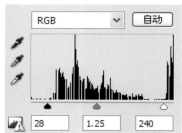

图 6-114　创建色阶调整图层

(31) 创建"色彩平衡"调整图层，设置"中间调"颜色阶值为-2、0、+38，修饰画面的整体色调，如图 6-115 所示。

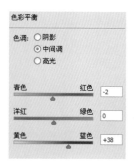

图 6-115　创建色彩平衡调整图层

(32) 高原景观的最终效果图如图 6-116 所示。

图 6-116　高原景观的最终效果图

知识拓展

处理与设计景观宣传海报。

利用 Photoshop 相关工具和命令可以设计出非常实用的景观宣传海报。

1) 新建文件并单击前景色色块

(1) 执行"文件"→"新建"命令，打开"新建"对话框，设置新建文件名称和宽度等参数，如图 6-117 所示。

图 6-117　"新建"对话框

(2) 设置完成"新建"对话框中的各项参数后单击"确定"按钮，新建文件，单击前景色色块。

2) 设置并填充前景色

(1) 打开"拾色器（前景色）"对话框，设置颜色值为 06913a，设置完成后单击"确定"按钮，如图 6-118 所示。

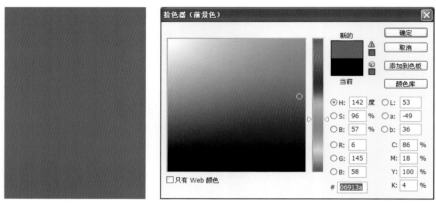

图 6-118 "拾色器（前景色）"对话框 1

（2）按"Alt+Delete"键，为背景图层填充颜色为前景色。

3）创建选区并设置前景色

（1）使用"矩形选框工具"在图像适当位置创建矩形选区。

（2）单击工具箱中的前景色色块，打开"拾色器（前景色）"对话框，设置前景色参数为 a1c910，如图 6-119 所示。

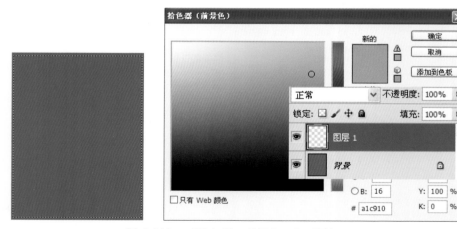

图 6-119 "拾色器（前景色）"对话框 2

（3）单击"图层"面板底部的"创建新图层"按钮，创建"图层 1"图层。

4）填充创建选区

（1）按"Alt+Delete"键，为选区填充前景色。

（2）使用"矩形选框工具"在图像适当位置单击并拖曳鼠标，创建选区。

(3) 单击"图层"面板底部的"创建新图层"按钮,创建"图层 2"图层,如图 6-120 所示。

图 6-120 创建"图层 2"图层

5) 填充并变换图像位置

(1) 使用"渐变工具"为选区应用线性渐变填充效果,如图 6-121 所示。

图 6-121 使用"渐变工具"

(2) 选中"图层 1"图层,按"Ctrl+T"键,自由变换图像,确定外形后按"Enter"键,应用变换。

(3) 同理,选中"图层 2"图层,按"Ctrl+T"键,自由变换图像。

6) 创建并填充选区

(1) 使用"多边形套索工具"在图像适当位置创建选区,如图 6-122 所示。

图 6-122　使用"多边形套索工具"

(2) 单击"图层"面板底部的"创建新图层"按钮，创建"图层 3"。

(3) 将前景色设置为白色，按"Alt+Delete"快捷键为选区填充白色。

7) 添加投影并打开素材

使用"移动工具"将打开的素材拖曳至"图层 4"图层，将该图层的不透明度设置为"50%"，如图 6-123 所示。

图 6-123　添加"投影"

8) 调整图形大小和外形

(1) 按"Ctrl+T"键，自由变换图像大小，并将图像进行旋转。

(2) 右击鼠标，在弹出的快捷菜单中选择"斜切选项"，单击并拖曳图像四周的控制手柄，调整图像外形，如图 6-124 所示。

图 6-124　调整图形大小和外形

9) 向下合并图层并调整图像位置

(1) 按 "Ctrl+E" 键，向下合并图层，得到 "图层 3" 图层。

(2) 使用 "移动工具" 将设置的图像调整至页面适当位置，如图 6-125 所示。

图 6-125　合并图层 1

10) 打开并设置素材

(1) 与前面的方法相同，分别创建填充选区，并为图形添加投影效果，可以使用复制投影效果添加到新图层。

(2) 选中 "图层 15" 图层，打开需要的素材图像，将其拖曳至工作区中，调整图像外形和位置。

(3) 按 "Ctrl+E" 键，向下合并图层，得到 "图层 14" 图层，如图 6-126 所示。

图 6-126　合并图层 2

11) 载入选区并添加蒙版

(1) 选中"图层 19"图层，按"Ctrl"键，单击"图层 18"图层的缩览图。

(2) 将"图层 18"图层中的图像作为选区载入。

(3) 单击"图层"面板底部的"创建新图层"按钮，为"图层 19"图层添加图层蒙版效果，如图 6-127 所示。

图 6-127　添加蒙版

12) 添加图层蒙版并向下合并图层

(1) 确保"图层 19"图层为选中状态。

(2) 按"Ctrl+E"键，向下合并图层，得到"图层 18"图层，如图 6-128 所示。

图 6-128　添加蒙版并合并图层

13) 输入需要的文本设置属性

(1) 单击工具箱中的"横排文字工具"按钮，在画面中输入需要的文本。

　　(2) 执行"窗口"→"字符"命令，打开"字符"面板，设置文本字体和颜色等参数，如图 6-129 所示。

图 6-129　输入文本

　　14) 设置文本字符

　　(1) 使用"横排文字工具"输入需要的文本。

　　(2) 双击文本，进入文本编辑状态，选中文本"费用包含"。

　　(3) 单击"横排文字工具"选项栏中的"切换字符和段落面板"按钮，设置文本字体、大小和颜色等参数，如图 6-130 所示。

图 6-130　设置文本字符

　　15) 设置图像的细节

　　(1) 使用"钢笔工具"在图像适当位置绘制线段，在"图层 2"图层上新建"图层 19"图层，并为其应用描边填充效果，如图 6-131 和图 6-132 所示。

图 6-131　钢笔工具　　　　　　图 6-132　新建"图层 19"图层

　　(2) 选择"画笔工具"设置画笔大小及硬度，选择路径面板，执行"用画笔描边路径"命令，如图 6-133 所示。

　　(3) 调整画面细节，实现图像效果，如图 6-134 所示。

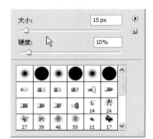

图 6-133　设置画笔工具　　　　　图 6-134　景观宣传海报的最终

效果图

项目七

空间设计效果图后期处理与制作

内容导航

　　本项目主要讲解空间设计效果图的后期处理与制作。在空间效果图方面，后期处理部分非常重要，前期效果图的灯光与材质把握不到位的地方，都可以借助于 Photoshop 强大的图像编辑功能进行弥补、修整及场景氛围的再塑造。

学习要点

➡ 制作分析
➡ 添加场景配景
➡ 调整整体效果
➡ 特殊效果处理

➤ 任务一　写字楼建筑外观效果图的后期处理

📝 任务认知

通过学习，掌握空间设计效果图的后期处理与制作。

📝 技能剖析

此任务采用添加场景配景、调整整体效果、特殊效果处理等技能。

📝 任务完成

1. 打开及合并文件

(1) 启动 Photoshop CS5，打开渲染完成的建筑部分效果图及其通道文件，如图 7-1 所示。

(2) 将两个文件中的建筑部分与背景分离，激活效果文件，在菜单栏上执行"选择"→"载入选区"命令，如图 7-2 所示。

图 7-1　打开效果图源文件　　　　　　图 7-2　载入选区

(3) 执行完上述操作后，会看到建筑部分被单独选中，然后按"Ctrl+J"键，将选区部分单独复制在一个新的图层中，并将新图层命名为"建筑"。采用相同的方法将通道文件中的主体建筑与背景分离，并将其新建图层命名为"通道"，如图 7-3 所示。

图 7-3　分离建筑图层及通道图层

(4) 按"Shift"键，将"通道"文件中的"通道"图层拖动到效果图文件中，如图 7-4 所示。

(5) 为图像整体确定一个大的基调。首先为图像添加背景天空，打开"sky. psd"文件，将其拖入当前文件夹中，然后在图层面板中拖动到"建筑"图层下方，将其图层命名为"天空"，注意在图像中调整其位置，如图 7-5 所示。

图 7-4 拖动通道图层到效果图文件

图 7-5 添加天空背景贴图

2. 调整建筑主体

(1) 通过观察可以发现建筑整体过暗。使用"Ctrl+M"键，打开"曲线"对话框，将建筑明度调亮，参数设置如图 7-6 所示。

(2) 仔细观察最终渲染图像，发现建筑正面玻璃的对比度稍弱，可以通过通道选出玻璃选区，复制玻璃为单独的图层，然后选择"图像"→"调整"→"亮度对比度"和"图像"→"调整"→"色彩平衡"命令来增强玻璃的质感，如图 7-7 所示。

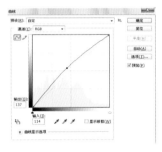

图 7-6 曲线参数设置

图 7-7 建筑正面玻璃参数设置

(3) 利用通道选择建筑底部的门面玻璃，然后复制为单独的图层，执行"亮度"→"对比度"和"图像"→"调整"→"色彩平衡"命令，参数设置如图 7-8 所示。

图 7-8 建筑门面玻璃参数设置

(4) 利用通道选择墙砖部分,然后复制为单独的图层,执行"亮度"→"对比度"命令, 如图 7-9 和图 7-10 所示。

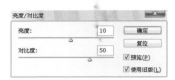

图 7-9　复制墙砖新图层　　　　　　　图 7-10　墙砖参数设置

使用上述方法,可以完成建筑主体后期处理的其他操作,而且在接下来的处理过程中可以根据需要再次对建筑主体进行调整。实际上,后期处理是一个不断完善的过程,通过不断改进,最终达到完美的表现效果。

3. 添加配景

配景一般按照从远景到近景,从大面积到小面积的步骤进行添加,这样有利于后期的调整和对整体效果的掌握。

(1) 为图像添加房屋配景。打开"house.psd"文件,将其拖入当前文件中,在图像中使用"移动"和"缩放"工具调整其位置,然后在图层面板中把图层拖动到如图 7-11 所示位置,并将其图层命名为"房屋"。

(2) 从图 7-11 可以看到,房屋和地面之间的过渡太过生硬,不够真实。现在在房屋前面加一些积雪,对其生硬的部分进行遮挡,同时也增加一些画面细节。具体操作为:打开"积雪 01.psd"文件,将其拖入当前文件中,在图像中使用"仿制图章工具"和"橡皮擦工具"等进行修改,使其中的房屋与地面之间有很好的衔接,如图 7-12 所示。

图 7-11　添加房屋配景　　　　　　　图 7-12　添加积雪配景

(3) 调整公路路面的效果。首先使用通道选出路面选区,并复制为单独的图层,然后选择"滤镜"→"杂色"→"添加杂色"命令,为路面添加一些杂色效果,使路面看起来更加真实一些，具体参数设置如图 7-13 所示。

(4) 按"Ctrl+L"键，打开"色相 / 饱和度"对话框，调整路面的明度及饱和度，具体参数设置如图 7-14 所示。

图 7-13 为公路路面添加杂色   图 7-14 调整路面色相 / 饱和度

(5) 制作并调整路面的积雪效果，新建一个图层，将其命名为"路面积雪"，用"画笔工具"在上面绘制白色的图案，如图 7-15 所示。

图 7-15 运用"画笔工具"绘制路面积雪

(6) 选择"滤镜"→"模糊"→"动感模糊"命令，对图 7-15 进行模糊处理，其参数设置和效果如图 7-16 所示。

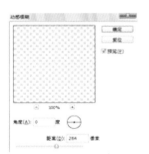

图 7-16 动感模糊参数设置及效果图

(7) 再用"橡皮擦工具"进行局部擦除和淡化处理,用"锐化工具"进行锐化处理。如此反复执行步骤 (5) ～ (7),达到如图 7-17 所示效果。

(8) 在建筑前面添加一些植物的配景。打开"植物 .psd"文件,将其拖入当前的文件中,在图像中使用"移动"和"缩放"工具调整其位置,然后在图层面板中拖动图层到如图 7-18 所示的位置,并将其图层命名为"植物"。

图 7-17　效果图　　　　　　　　　图 7-18　添加植物配景

(9) 因为要表现的是雪景效果,所以一般情况下公路路面有很强的反射,下面设置植物在路面上的反射效果。首先对"植物"图层进行复制,然后在新图层上按"Ctrl+T"(自由变换)键,右击选择"垂直翻转"选项,最后进行"动感模糊"处理,具体设置如图 7-19 所示。

(10) 降低图层的不透明度到 40%,然后按"Ctrl+E"键向下合并图层,此时效果图如图 7-20 所示。

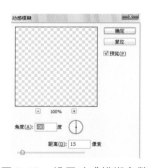

图 7-19　设置动感模糊参数　　　　图 7-20　路面反射效果图

(11) 在图像的右下角添加一些近景的积雪配景。打开"积雪 02.psd"文件,将其拖入当前文件中,在图像中使用"移动"和"缩放"工具调整其位置,然后在图层面板中拖动图层到如图 7-21 所示的位置,并将其图层命名为"近景积雪"。

(12) 为图像添加一些人物,使图像看起来更加生动。打开"人物 .psd"文件,将其拖动至当前文件中，在图像中使用"移动"和"缩放"工具调整其位置，再使用前面讲解的方法为人物添加路面反射，最后合并图层，将其图层命名为"人物"，效果如图 7-22 所示。

图 7-21　添加近景积雪配景

图 7-22　添加人物配景

在建筑效果图的制作过程中，任务布置是非常常见的，在图像中加入适宜的人物，可以起到点缀图像、烘托气氛、展现建筑功能的作用，但是人物图像不宜过多、过杂，否则会画蛇添足，舍本求末。

(13) 在公路上加入几辆汽车。打开"汽车 .psd"文件，将其拖动至当前文件中，在图像中使用"移动"和"缩放"工具调整其位置，再使用前面讲解的方法为汽车添加路面反射，最后合并图层，将其图层命名为"汽车"，效果如图 7-23 所示。

(14) 隐藏除"汽车"、"人物"、"近景积雪"、"植物"、"路面积雪"和"公路路面"这 6 个图层以外的所有图层，然后按"Shift+Ctrl+Alt+E"（盖印）键，对以上 6 个图层进行盖印操作，将其图层改名为"公路反光"。最后使用前面讲述的方法进行"高斯模糊"、"锐化"等处理，效果如图 7-24 所示。

图 7-23　添加汽车配景

图 7-24　添加公路反光效果

(15) 将"公路反光"图层的图层模式设置为"柔光"，效果如图 7-25 所示。

(16) 为场景添加角树。打开"角树 .psd"文件，将其拖动至当前文件中，在图像中使用"移动"和"缩放"工具调整其位置，将其图层命名为"角树"，如图 7-26 所示。

图 7-25　将公路反光设置为柔光模式

图 7-26　添加角树配景

（17）接下来在图像的左侧加入几柱配景树。打开"树 05.psd"文件，将其拖动至当前文件中，在图像中使用"移动"和"缩放"工具调整其位置，然后在图层面板中拖动图层到如图 7-27 所示位置，将其图层命名为"树"。

图 7-27　添加配景树配景

4. 整体效果调节

在前面的操作中，对场景针对性地加入了一些配景，其布局和构图已经基本调节到位，现在就整体的色调、对比度等做进一步调整，使配景更加协调。

（1）新建一个图层，将其图层命名为"校色层"，在"拾色器（前景色）"对话框中设置参数，如图 7-28 所示。按"Alt+Delete"（前景色填充）键对新建图层进行填充，然后将图层模式设置为"叠加"，此时效果如图 7-29 所示。

图 7-28　填充前景色参数设置

图 7-29　叠加模式处理效果

（2）按"Shift+Ctrl+Alt+E"（盖印）键，对显示图层进行盖印，此时新建了一个图层。对当前图层进行"高斯模糊"处理，其效果图如图 7-30 所示。

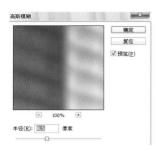

图 7-30 高斯模糊处理效果图

(3) 将"盖印"图层的混合模式设置为"叠加",不透明度设置为"50%",如图 7-31 所示,其效果图如图 7-32 所示。

图 7-31 叠加模式参数
设置

图 7-32 叠加模式处理效果图

(4) 从图 7-32 可以发现,图像的局部效果有些偏暗,按"Ctrl+M"(曲线)键打开"曲线"对话框,设置参数,如图 7-33 所示。

(5) 按"Shift+Ctrl+Alt+E"键合并可见图层,最后对图像进行锐化处理,选择菜单栏中的"滤镜"→"锐化"→"USM 锐化"命令,打开"USM 锐化"对话框,设置参数,如图 7-34 所示。

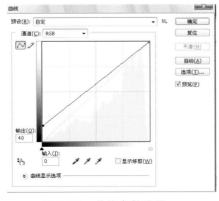

图 7-33 曲线参数设置

图 7-34 USM 参数设置

(6) 按"Ctrl+S"键保存渲染效果文件，其最终效果图如图 7-35 所示。

图 7-35　写字楼建筑外观最终效果图

➤ 任务二　中式餐厅效果图的后期处理

🎮 任务认知

通过学习，掌握对中式餐厅效果图的后期处理。

🎮 技能剖析

此任务采用添加场景配景、调整整体效果、特殊效果处理等技能。

🎮 任务完成

在室内效果图的绘制过程中，后期处理对提高出图速度及画面效果的营造，都有非常重要的作用。从渲染出来的图像来看，大致的画面效果基本正常，但细节的处理有所欠缺，如光线对整个室内色彩的影响不足、光线投影在室内的个别物体上显得过于凌乱、画面左侧部分的光影气氛营造得不够等。因此，需要使用 Photoshop 软件，有意识地去修正渲染图像所呈现出来的画面不足。

1. 制作分析

渲染效果如图 7-36 所示，渲染效果需要改进的部分如下。

图 7-36 渲染效果

(1) 光线带来的色彩变化不足，室内外缺乏通透感、空气感，给人的感觉较沉闷。

(2) 室内物体明暗关系不够明确。

(3) 局部缺乏色彩、光线的细节变化。

(4) 针对想要表达的空间特点，在具有美感及合理的情况下可以自由发挥设计，但在制作过程中要反映出主题思想，画面尽可能简洁。

2. 打开成品图及通道文件

(1) 打开 Photoshop CS5，选择"文件"→"打开"命令，导入渲染出的成品图和通道图，如图 7-37 所示。

图 7-37 渲染成品及渲染通道

(2) 按"Shift"键并配合移动工具将通道图拖曳到成品图文件中，这时在成品图文件的图层中增加了一个通道图层，如图 7-38 所示。

(3) 复制原始图层背景并把其作为备份图层。在后期调整图像时,复制"背景"图层并创建一个"背景副本"作为备份是非常必要的, 如图 7-39 所示。

图 7-38　添加渲染通道图层　　　图 7-39　复制原始背景图层

3. 调整局部效果

因为本任务在出成品图时,画面的大体关系基本正常,在画面大的方向上,如亮度、对比度、色彩方面没有太多需要整体调整的。因此,可以直接开始调整更细小的部分。

1) 调整地面

地面给人的感觉不够沉稳,主要原因是地面的明暗对比度不够且缺乏颜色的变化。这可以通过蒙版、曲线等命令达到理想的效果。

(1) 通过通道选取地面区域,从"背景副本"中进行复制,使用快捷键"Ctrl+J"复制图层,创建"图层 2",如图 7-40 所示。

(2) 为了方便查找,双击"图层 2"使其处于激活状态。输入文字"地面",将"图层 2"更名为"地面",如图 7-41 所示。

图 7-40　复制地面区域并新建图层　　　图 7-41　重命名"地面"图层

(3) 单击"地面"图层，对其使用"快速蒙版"命令，配合使用画笔工具，选中需要调整的地面区域，如图 7-42 所示。

(4) 再次单击"快速蒙版"，使红色区域处于浮动选择状态，创建选区，如图 7-43 所示。

图 7-42 运用"快速蒙版"进行画笔选区 　　　 图 7-43 选中需要调整的地面区域

(5) 使用"图像"→"调整"→"曲线"命令，对"地面"图层进行调整，如图 7-44 所示。

(6) 地面最终调整结果如图 7-45 所示。

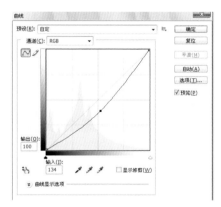

图 7-44 曲线参数设置 1 　　　　　 图 7-45 调整后的效果图 1

2) 地面污渍处理

为了加强地面的真实感，在地面的位置贴入一张黑白贴图。

(1) 打开一张黑白贴图，如图 7-46 所示。

(2) 将黑白贴图粘贴入场景文件中，配合快捷键"Ctrl+T"进行调整，如图 7-47 所示。

图 7-46　打开黑白贴图　　　　　　　　　　图 7-47　调整黑白贴图

(3) 将黑白贴图控制在地面区域，如图 7-48 所示。

(4) 在图层模式的下拉框中选择"柔光"模式，如图 7-49 所示。

(5) 调整后的效果图如图 7-50 所示。

图 7-48　调整贴图位置　　　图 7-49　柔光模式调整　　　图 7-50　调整后的效果图 2

3) 调整桌椅腿

为了将画面中物体的上下层次拉得更开，需要对画面中的桌椅腿进行调整。

(1) 通过通道选取桌椅腿区域，从"背景副本"中进行复制，使用快捷键"Ctrl+J"复制图层，创建"桌椅腿"图层，如图 7-51 所示。

(2) 使用"图像"→"调整"→"曲线"命令，将地面的亮度适当降低，如图 7-52 所示。

(3) 调整后的效果图如图 7-53 所示。

(4) 为了拉开画面的前后关系，增强空间感，选择中间部位的桌椅腿对其进行提亮处理，其效果图如图 7-54 所示。

图 7-51 创建"桌椅腿"图层

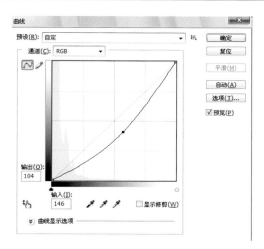

图 7-52 曲线参数设置 2

图 7-53 曲线调整后的效果图

图 7-54 提亮后的效果图 1

4) 调整柜面

因为光影关系比较复杂，使得柜面看上去比较凌乱，需要对其进行调整。

(1) 通过通道选取柜面区域，从"背景副本"中进行复制，使用快捷键"Ctrl+J"复制图层，创建"柜面"图层，如图 7-55 所示。

(2) 使用"滤镜"→"模糊"→"动感模糊"命令，其参数设置如图 7-56 所示。

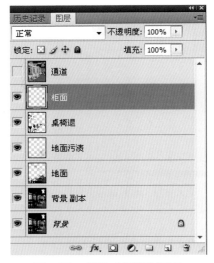

图 7-55　创建"柜面"图层　　　　　　　图 7-56　动感模糊参数设置

(3) 调整柜面前后的效果对比如图 7-57 所示，调整后的效果图如图 7-58 所示。

图 7-57　调整柜面前后的效果对比　　　　　图 7-58　调整后的效果图 3

5) 调整瓷缸

(1) 通过通道选取瓷缸区域，从"背景副本"中进行复制，使用快捷键"Ctrl+J"复制图层，创建"瓷缸"图层，如图 7-59 所示。

(2) 使用快速蒙版工具选取瓷缸右侧部分，如图 7-60 所示。使用"图像"→"调整"→"曲线"命令，将其调暗，其参数设置如图 7-61 所示。

(3) 调整后的效果图如图 7-62 所示。

图 7-59　创建"瓷缸"图层

图 7-60　选取瓷缸右侧区域

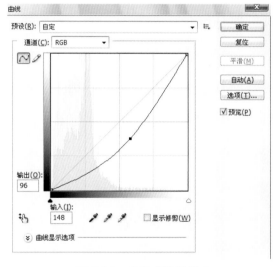

图 7-61　曲线参数设置 3

图 7-62　调整后的效果图 4

6) 调整门窗隔断

(1) 通过通道选取门窗隔断区域，从"背景副本"中进行复制，使用快捷键"Ctrl+J"复制图层，创建"门窗隔断"图层，如图 7-63 所示。

(2) 使用"图像"→"调整"→"曲线"命令，其参数设置如图 7-64 所示。

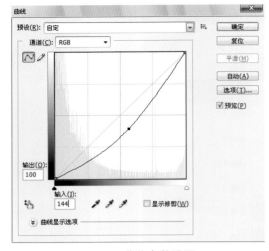

图 7-63　创建"门窗隔断"图层　　　　　图 7-64　曲线参数设置 4

(3) 调整门窗隔断前后的效果对比如图 7-65 所示。

图 7-65　调整门窗隔断前后的效果对比

7) 调整隔断

(1) 在门窗隔断图层中选取隔断区域。

(2) 配合快捷键"Ctrl+J"，原地粘贴并创建"隔断"图层，如图 7-66 所示。

(3) 使用"图像"→"调整"→"曲线"命令，将其提亮，提亮后的效果图如图 7-67 所示。

图 7-66 创建"隔断"图层　　　　　图 7-67 提亮后的效果图 2

8) 调整柱子

柱子在整个画面中起到了支撑整个空间结构的作用,为了加强柱子的稳定感,要对其进行调整。

(1) 通过通道选取柱子区域,从"背景副本"中进行复制,使用快捷键"Ctrl+J"复制图层,创建"柱子"图层,如图 7-68 所示。

(2) 使用"图像"→"调整"→"色相/饱和度"命令,其参数设置如图 7-69所示,调整后的效果图如图 7-70 所示。

图 7-68 创建"柱子"　　图 7-69 色相/饱和度参数设置　　图 7-70 调整后的效果图 5
　　　图层

(3) 使用选取工具,将羽化值设为"80",选中柱子上、下两个部分,如图 7-71所示。使用"图像"→"调整"→"曲线"命令,将上、下两个部分调暗。

(4) 考虑到柱子下部受地面反光的影响,将柱子下部选中,适当提亮,其效果图如图 7-72 所示。

图 7-71 选取柱子选区

图 7-72 提亮柱子下部后的效果图

(5) 打开一张黑白贴图, 如图 7-73 所示。为了得到柱子光影斑驳的效果, 以加强柱子的真实感, 将黑白贴图拖曳至场景文件中, 如图 7-74 所示。在图层面板选择"叠加"模式, 如图 7-75 所示。

图 7-73 打开黑白贴图

图 7-74 将黑白贴图拖至场景文件中

图 7-75 转换为叠加模式

(6) 选择叠加模式后, 其效果图如图 7-76 所示。选择柱子部分, 配合快捷键"Ctrl+Shift+I", 在黑白图层中将所选区域删除, 如图 7-77 所示。

9) 调整门板

(1) 通过通道选取门板区域, 从"背景副本"中进行复制, 使用快捷键"Ctrl+J"复制图层, 创建"门板"图层, 如图 7-78 所示。

(2) 使用"图像"→"调整"→"曲线"命令, 将其调暗, 其参数设置如图 7-79 所示。

图 7-76 叠加后的效果图

图 7-77 删除柱子选区

图 7-78 创建"门板"图层

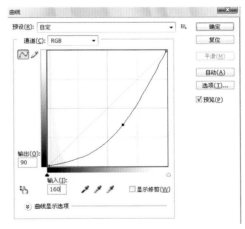

图 7-79 曲线参数设置 5

(3) 调整门板前后的效果对比如图 7-80 所示。

图 7-80 调整门板前后的效果对比

10) 调整墙面

(1) 通过通道选取门板区域,从"背景副本"中进行复制,使用快捷键"Ctrl+J"复制图层,创建"墙面"图层,如图 7-81 所示。

(2) 使用选取工具,调整羽化值为"50",选取墙面受光部分,如图 7-82 所示。

(3) 使用"图像"→"调整"→"曲线"命令,调整墙面前后的效果对比如图 7-83 所示。

图 7-81　创建"墙面"图层

图 7-82　选取墙面受光部分

图 7-83　调整墙面前后的效果对比

4. 调整整体效果

选择最上方的"墙面"图层,然后按"Shift+Ctrl+Alt+E"(盖印)键,新建"盖印"图层。

1) 雾化效果

(1) 在"盖印"图层上方添加一个新的图层,并填充为黑色,然后将其图层的混合模式设置为"滤色",如图 7-84 所示。

(2) 将前景色设置为白色,然后选择"画笔工具",将画笔设置为柔和边缘,并将不透明度设置为 90%,在"图层 1"上进行涂抹,绘制出比较自然的雾化效果。然后通过调整"图层 1"的不透明度来调整雾的浓度,如图 7-85 所示。合并

"图层 1"与"盖印"两个图层。

图 7-84 添加滤色模式

图 7-85 添加雾化模式

2) 高斯模糊

(1) 选择椭圆选框工具，将羽化值设为"150"，选择区域如图 7-86 所示。按"Shift+Ctrl+I"键得到反向选区。

(2) 选择"滤镜"→"模糊"→"高斯模糊"命令，弹出"高斯模糊"对话框，参数设置如图 7-87 所示。

(3) 得到模糊效果后，可以通过调整图层的不透明度控制高斯模糊的程度，如图 7-88 所示。中式餐厅效果图后期处理最终效果图如图 7-89 所示。

图 7-86 选取画面中心区域

图 7-87 高斯模糊参数设置

图 7-88 调整图层的不透明度

图 7-89 最终效果图

📖 知识拓展

设计与实现空间效果图。

1. 图像主体的处理

(1) 打开使用 3D 绘制建模,并附加一定材质的设计效果图,如图 7-90 所示。

(2) 使用选择工具将黑色背景清除掉,如图 7-91 所示。

图 7-90 3D 绘制建模效果图

图 7-91 去除黑色背景后的效果图

(3) 打开一张天空图片,如图 7-92 所示。

(4) 由于天空图片上有我们不需要的树木、建筑等景物,所以需要进行清除处理,使用"仿制图章"和"修补"等工具进行处理,如图 7-93 所示。

(5) 将处理好的天空图片拖曳至效果图文件中,并使"天空"图层位于"建筑"图层下方,如图 7-94 所示。

图 7-92 天空图片 图 7-93 去除图片多余部分

(6) 由于天空图片太小，不能覆盖整个背景，所以需要扩大天空图片。不能使用"自由变换"命令将图片放大，这会影响整个效果。因此需要对天空图片进行拼接。

首先复制"天空"图层，之后使用移动工具将复制的天空图片移动至左侧。注意，要使两张图片有一定的衔接，如图 7-95 所示。

图 7-94 将天空图片拖曳至效果图文件中 图 7-95 移动、复制后的天空图片

(7) 由于两张天空图片中间的接缝明显，需要将接缝处理掉，使两张图片衔接自然。在图 7-95 上建立一个"蒙版"，之后使用"渐变工具"向左拖曳渐变，从而实现无缝拼接，如图 7-96 所示。

(8) 可以沿用 (7) 将天空图片逐渐扩大，以完全覆盖背景，其效果图如图 7-97 所示。

图 7-96 无缝拼接图像 图 7-97 天空背景逐渐扩大后的效果图

2. 背景环境的处理

在现实生活中，无论是建筑还是绿地都不可能是孤立存在的，都应该处于一定的环境之中，因此我们在设计表现时，也应该考虑到这一问题。为增加设计表现效果的真实性，在完成主体设计的表现后，还应为设计主体配以一定的环境。我们还以上面的建筑为例来介绍背景环境。

(1) 选择一张比较适合设计环境的背景图片，如图 7-98 所示。

(2) 在 Photoshop 中打开该图片，将其拖曳至添加完天空的建筑图片中，使"背景环境"图层处于"天空"图层之上、"建筑"图层之下，如图 7-99 所示。

图 7-98　背景图片

图 7-99　添加背景图片

(3) 由于背景图片景物的比例与建筑比例相当，所以可以直接使用"自由变换"将其放大到合适大小，如图 7-100 所示。

(4) 可以依照天空处理的方法，使用"蒙版"和"渐变"工具将背景环境和天空间的接缝处理掉，如图 7-101 所示。当然，这只是一个简单的环境添加，大型的园林设计还需要更加复杂的拼接。

图 7-100　使用自由变换命令

图 7-101　处理背景环境和天空的接缝

3. 前景环境的处理

(1) 选择恰当的树木素材图片，并抠除背景，如图 7-102 所示。

图 7-102 选择素材文件

(2) 将树木拖曳至效果图中，根据主景光线的方向制作投影，并对其大小进行调整，最后安置在恰当位置，如图 7-103 所示。树木的大小要考虑到整个设计效果的比例和主题效果的表现。树木过大会影响到主体的体现，树木过小会显得不够真实。

(3) 为增加远近景的层次感，往往要在画面的一角添加一些近景树木的枝叶，其效果图如图 7-104 所示。

图 7-103 将树木拖曳至效果图中

图 7-104 添加近景树木的枝叶配景

(4) 依照此法还可以添加其他景物，如车辆、飞鸟等。

参 考 文 献

[1] 周建国. Photoshop平面设计应用教程[M]. 北京：人民邮电出版社，2009.

[2] 李彪. Photoshop CS4图像处理高级应用技法[M]. 北京：电子工业出版社，2011.

[3] 肖思中. Photoshop网站视觉艺术设计及色彩搭配[M]. 北京：中国铁道出版社，2014.

[4] 李金明. 中文版Photoshop CS5完全自学教程[M]. 北京：人民邮电出版社，2010.

[5] 王璞. Photoshop CS标准教程[M]. 西安：西北工业大学音像电子出版社，2005.

[6] 张立君. Photoshop图像处理[M]. 北京：中国计划出版社，2007.

[7] 洪光，周德云. Photoshop实用教程[M]. 大连：大连理工大学出版社，2004.

[8] 王国省，张光群. Photoshop CS3应用基础教程[M]. 北京：中国铁道出版社，2009.

[9] 张丕军，杨顺花. Photoshop CS特效设计[M]. 北京：兵器工业出版社，2005.

[10] 侯宝中，郭立清，田东启. Photoshop图像处理案例汇编[M]. 北京：中国铁道出版社，2007.

[11] 北京洪恩教育科技有限公司. Photoshop实训与上机指导[M]. 北京：地质出版社，2007.

[12] 朱军. Photoshop CS2 建筑表现技法[M]. 北京：中国电力出版社，2006.

[13] 张莉莉，苏允桥. Photoshop环境艺术设计表现实例教程[M]. 北京：中国水利水电出版社，2008.